U0159966

趣味昆虫学

Занимательная этимология

[苏]普拉维里希科夫 著

穆重怀 彭屾 译

北方联合出版传媒(集团)股份有限公司

万卷出版有限责任公司

ⓒ 普拉维里希科夫　2023

图书在版编目（CIP）数据

趣味昆虫学 /（苏）普拉维里希科夫著；穆重怀，彭姗译.—沈阳：万卷出版有限责任公司，2023.1
ISBN 978-7-5470-6092-6

Ⅰ.①趣… Ⅱ.①普… ②穆… ③彭… Ⅲ.①昆虫学
—普及读物 Ⅳ.①Q96-49

中国版本图书馆CIP数据核字（2022）第173451号

出 品 人：王维良
出版发行：北方联合出版传媒（集团）股份有限公司
　　　　　万卷出版有限责任公司
　　　　　（地址：沈阳市和平区十一纬路29号　邮编：110003）
印 刷 者：辽宁新华印务有限公司
经 销 者：全国新华书店
幅面尺寸：145mm×210mm
字　　数：180千字
印　　张：8
出版时间：2023年1月第1版
印刷时间：2023年1月第1次印刷
责任编辑：王　越
责任校对：张　莹
封面设计：仙　境
内文插图：林　河
版式设计：李英辉
ISBN 978-7-5470-6092-6
定　　价：39.80元
联系电话：024-23284090
传　　真：024-23284448

目录

Contents

平凡的瓢虫

瓢虫是我们小时候最先知道的一种昆虫。你们还记得吗？那丁点儿大的、圆滚滚的、胖乎乎的小甲虫。它长着一对带有黑色斑点的黄红色鞘翅，从来都是慢悠悠地爬来爬去，一点儿也不胆小怕事，这就是可爱的小瓢虫。它总是自顾自地在小草上爬，不害怕任何敌人。你向它伸出手指，它就会顺着爬上来。当你竖起手指，它就会爬向指尖，先张开两个鞘翅，接着，伸出下面的翅膀，噗的一下就飞走了。

当你看见瓢虫在手指上移动，便可悄悄念出咒语，"虫儿飞上天，面包到眼前"[1]。然后，它真的就飞走了。当然，瓢虫是没法飞去天上的，也带不来面包，但难道我们只能扫兴了吗？想想看，盯着一只小瓢虫爬过手指，再不慌不忙地飞走，这本就是一件挺有趣的事呀！

如果我们用力拨弄一下瓢虫，它立刻就会蜷起触角和腿，一动不动地躺在那里，像死了一样，但片刻之后，却又恢复行

---

[1] 俄罗斯民间有用甲虫来预卜庄稼收成的习俗，故有此谚语。

动了。据说，甲虫会假死，这是它们迷惑敌人的手段。昆虫不是人类，是不会装死的。但是许多甲虫以及其他种类的昆虫似乎有时会突然"晕倒"。

这是什么原因导致的呢？它们为什么要这么做呢？

尽管二者密切相关，事实上这却是两个完全不同的问题。我们先说一下原因。在强烈的且多半是来自外界的突然刺激下（一般都是触碰因素），会诱发某些昆虫的神经性休克，外部表现就是停止不动，好像"晕倒"了一样。当"休克期"结束，受刺激的神经器官重返平静状态，昆虫就可以"恢复知觉"，苏醒后便开溜。

昆虫是有许多天敌的，时时刻刻都要提防对方。有些昆虫因行动敏捷得以逃生，有的会选择隐蔽，而有的则会狠咬敌人，还有一些甚至会蜇刺，林林总总，各有各的御敌妙招儿，"晕倒"便是其中之一。

静止不动的昆虫更难被天敌发现，而且很多鸟类对死去的猎物不感兴趣。假死的甲虫一蜷起腿，便从树枝或树叶上掉了下来，自然而然地就避开了敌人：试想，谁会去草丛中找一只掉落的小甲虫呢？如此看来，"晕倒"通常是有好处的。这种策略最初源自某些昆虫身上所携带的遗传病，但后来竟演变成了一种自我保护的手段。

现在让我们再来回答为什么这么做。正如大家说的那样，没有原因就没有目的。还记得有人提到过，瓢虫是在"故意装死"，意思就是这类甲虫极其聪明、狡猾。要强调的是，这里

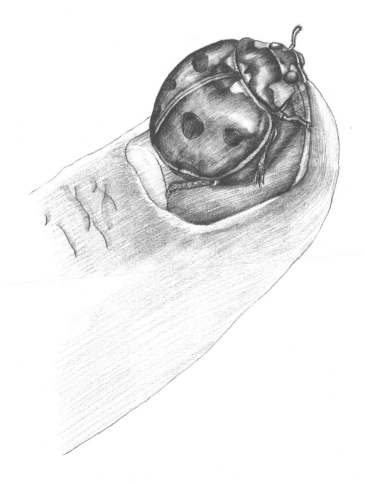

花大姐

面其实没有任何的"狡猾"成分。大家可以抓一只这样的"狡猾"虫子，再轻轻地碰一下。准备好，它要"死了"——小甲虫一动不动地躺了片刻，然后开始微微地动了一下，爬了起来。但是危险并没有消失，"敌人"还在一旁。甲虫是看不见大家的——对它而言，你就好比一个巨人。当然，它同样也看不到自己身边的鸟类。鸟儿虽然不吃死掉的甲虫，但当后者开始偷溜的时候，敌人那时却还未飞走。在敌人的眼前"苏醒"和溜掉，后果可想而知。所以，是说它非常"狡猾"，还是说它是"故意装死"？瓢虫没有"装死"的必要，也用不着欺骗敌人，因为很少有鸟儿会去捉活的或死的瓢虫当食物。

当我们试着用手指夹起一只瓢虫，就会在手指上看到一些黄色的液体。这是瓢虫的血液。只要瓢虫一蜷起腿，就能从关节处，也就是从"膝盖"那儿挤出几滴血，流血也是瓢虫的一种御敌手段。这时，再闻一闻沾上了瓢虫黄色血液的手指，就能感受到一股刺鼻的气味。如果手指上的黄色液体足够多，那大家不妨再舔一舔，而且这么做也不会有什么危险。但尝过之后，大家就知道瓢虫血是什么味道了——口感刺激不说，气味也令人反胃……总之，这些黄色的血液是令人避之不及的。

刚开始独立生活的鸟宝宝是完全不懂事的。在鸟巢里，全由着鸟妈妈喂食。虽然生活教会了鸟妈妈应该捕捉什么样的猎物，但是鸟宝宝却不清楚这一点，因为它还没学会。因此，当它一遇上瓢虫，就会立马抓住，啃上一口，甲虫的血就流到了它的嘴里。或许是太难吃了，凡是咬过瓢虫的鸟儿都会花上好一阵子来清洁自己的喙。这时，它那副样子就好像是在说："呸呸，有脏东西掉我嘴里啦！"

至于灰色的甲虫，大家怕是都没怎么看到过，因为这种颜色的个体并不常见。不过我们都得认可这一点，甲虫的种类太多了，我们能够记住的只是其中的一部分。可咱们却为何偏偏记住了瓢虫呢？原因就在于它们拥有艳丽的外壳，令人很容易识记。对鸟儿来说亦是如此，只要吃上一次瓢虫，第二次遇到就再也不想碰了，它们也记得这种虫子有多么恶心。瓢虫那种艳丽的色彩仿佛是一块显眼的招牌，上头写着："别碰我，不然要你难堪！"

不佳的口感和颇具标志性的保护色并不能保护瓢虫逃避所有的天敌，因为凶猛的食虫虻和几种鸟类也会捕食它们，但这已足以抵御大部分鸟类的袭击。

因为腿上流出的血常常被人们称为"乳浆"的缘故，瓢虫得到了"小母牛"[1]这样一个雅号。这种甲虫在颜色搭配上和母牛也挺像：要么是棕红（或大红）与黑色或白色相间，要么是黑色与棕红或黄色相间。因为长着一个圆圆红红的身体，它们又被称为"小太阳"，而且这个"小太阳"上还是有斑点的。尽管不同民族对瓢虫的称呼各有差异，但其中都饱含着对它们的怜爱。人们都喜欢这种小甲虫，如果要问为什么，或许是因为它们那温顺的性格。大家都知道，甲虫的外表往往具有

---

[1] 在俄语中"瓢虫"一词的后半部分与"小母牛"一词相同。

欺骗性，瓢虫也是如此。它们看上去老实本分，似乎不会为非作歹，但其实却是个狠角色。瓢虫的食量非常大，而且专吃蚜虫——这种小虫子无处不在，几乎在每一种植物上都能很容易找到；它们一般附着在植物的茎上，用口器刺破植物的表皮，吮吸里面的汁液。

当瓢虫爬来或飞落之际，蚜虫就要倒霉了。由于足部天生无力，蚜虫几乎无法爬行，它们中大多数也都没长翅膀，即便是少量会飞的幸运儿，技术也十分差劲。这些行动不便、身体孱弱的蚜虫通常只能原地趴着，不断吮吸植物的汁液。可要是被发现了，瓢虫就会一个接一个地把它们吞进肚子里，一只瓢虫一天要吃掉一百多只蚜虫呢。这种外表看上去毫不起眼的小甲虫到头来竟是个大馋猫。

七星瓢虫是我们最常见到的一种瓢虫。之所以这样称呼，是因为在它们黄色的鞘翅上分布着七个斑点：每个鞘翅上各有三个，剩下的一个正好在颈部的接缝处。它们是瓢虫科里最大的一种昆虫，几乎有半颗豌豆那么大。一般在春、夏、秋三季，我们都可以看到七星瓢虫；春天里它们或许不太出现，但仲夏过半后，它们就变得多了起来，甚至数量惊人。

蚜虫会危害植物的生长，但凶猛的七星瓢虫却善于捕食蚜虫，消灭敌害，所以说，它们是益虫。

在饲养箱里观察瓢虫如何生活与繁殖是很有趣的事，但要喂饱它们可没那么容易，因为这些贪吃的家伙食量太大。大部分瓢虫都藏在树林中掉落的叶子或树皮下过冬。扒开枯叶，你就能看到密密麻麻的甲虫。等到积雪融化后，它们也丝毫不着急离开自己的小窝，因为那会儿还找不到食物。春暖花开，熬过了寒冬的蚜虫也从卵中钻了出来。用不了几天，蚜虫就都会长大。这样一来，瓢虫就有食物了。

这时，我还不急着去抓瓢虫。毕竟蚜虫现在还不够多，要想养活十多只饭量巨大的甲虫可没那么轻松。其实不用蚜虫也行，用糖水喂养，它们照样也能活得挺滋润——先把它们放入饲养箱，再放进去几个浸湿的糖块。但我还是想让这些甲虫按照自然的方式生长，只让它们吃蚜虫。时间还来得及，因为瓢虫尚未开始产卵。由于后期需要很多瓢虫，我便来到花园和野外寻找蚜虫。虽然家里的温室内也养着蚜虫，但不知道能够瓢虫吃多久。我会好好养着这些蚜虫以备不时之需，不过之后还得去实地采集，所以得提前寻觅一些蚜虫聚集的地方。在莱迷与蔷薇花盛开之际，瓢虫便开始产卵了。黄黄的、椭圆形的卵一团接一团地堆集在树叶的背面。一只雌瓢虫通常在一天之内可产下十到五十粒卵，而且这个过程会持续很多天，这些卵加起来总共可达一千多粒，个别繁殖能力强的雌瓢虫甚至可以产下两千多粒。

我尽量把每只瓢虫都喂得饱饱的，但有意让一个饲养箱里的瓢虫处于半饥半饱的状态，结果这里面的瓢虫卵相比之下就少了很多。看来食物是否丰足的确影响到了瓢虫的繁殖情况。

因为瓢虫总爱把自己的卵一粒粒地粘在树叶上，所以它们看上去就如同被倒挂在叶子上。在自然条件下，七星瓢虫的卵发育得很快，通常幼虫在五到十四天内即可孵化出来。由于室内温度更高，饲养箱中的幼虫只需不到一周的时间就能变为成虫。

到了这个时候，就有新的事可忙活了！现在我们需要把成堆的瓢虫卵用箱子和瓶瓶罐罐进行分装。要知道，即便是那些最小的幼虫有时也会吃掉自己的兄弟姐妹。所以说，把数十粒卵放在同一个饲养箱中是十分危险的，那样的话，最后只有少量幼虫可以幸存。当发现有卵簇开始变灰，就表明幼虫即将被孵化出来。这一堆里大约有二百粒虫卵，可最终只孵出了七十四只幼虫，但我对此却并不感到惊讶。众所周知，在很多的瓢虫卵中，胚胎是无法发育的，而且还有不少幼虫在孵化后无法破卵而出。即使如此，强大的生育能力还是拯救了瓢虫物种，因为一百粒卵中只要有一对儿成活并能产卵，换言之，如果有两个孩子可以取代逝去的双亲，那么瓢虫的总数就不会减少。这就意味着，七星瓢虫这个物种不仅能够活下去，而且还会"人丁兴旺"。

幼虫孵化出来了，虽然还是极小的个体，但立刻就展现出了惊人的胃口。一开始，它们只吃那些卵壳和未能孵化的虫卵，可这些东西撑不了多久，很快，它们就从树叶的襁褓中爬了出来，到处寻找蚜虫。从这天起，我就更有的忙了。需要大量的食物来喂饱这些小饕餮，而它们的数量还在一天天地变多。稍不留神，幼虫就会撕咬自己的兄弟姐妹，把那些不伶俐的、更羸弱的小家伙当成了食物。为了找到食物，黑灰色的长腿瓢虫会在各种植物间敏捷地穿梭。不管是爬行还是奔跑，它们都在用力伸展着自己又长又大的腿，看上去不太好看；它们的背上长出了黑色的小鼓包，还夹杂着几个鲜亮的橘色斑点。

温度越高，幼虫长得越快。放置饲养箱的房间里平均温度有二十摄氏度，幼虫在这里已经生长发育了一个月，其间，蜕了三次皮。每次它们蜕皮时，在这个或那个箱子里都得少几只小虫子。那些正在蜕皮的幼虫很容易就成了别个虫子的捕猎对象，这主要因为它们不是在同一时刻开始蜕皮。于是，还没有开始蜕皮或者蜕皮后已经变强的幼虫就会攻击那些正在蜕皮的同类并吃掉它们。当然，它们也吃别的食物，如毛毛虫、蠓和蚊子。有些幼虫还曾吃掉了整整一堆菜粉蝶的卵。总之，它们会吃掉任何遇到的小昆虫，只要后者足够弱小、柔软。瓢虫幼虫一天要吃掉上百只蚜虫，我每天都要到附近的荒地为它们寻找食物。可不管蚜虫繁殖得多快，要想有足够多的食物来养活这几百只幼虫却也绝非易事，所以，我每天都必须捉到成千上万只蚜虫。幼虫长大后一天之内就要吃掉一百多只蚜虫，连刚孵出一天的小瓢虫也能吃下数十只，即便在大快朵颐后，它们的胃口也依然不减。

天气越来越热，幼虫也长得越来越快，吃得也越来越多。我在恒温器中放入了几罐幼虫，把恒温器的平均温度设置在二十四至二十五摄氏度。十七天后，幼虫变成了成虫，开始化蛹。在此期间，住在里面的每只瓢虫都吃掉了八百五十至九百只蚜虫。在自然环境中，这一过程则要持续一个半月到两个月，其间，它要吃掉一千多只蚜虫。

化蛹的时刻来临了。幼虫开始四处寻找合适的地方。通常来说，它们都会选择叶子的阴面。一些幼虫爬到了饲养箱的盖子上，分泌出黏液，一点点地把自己的尾部粘在叶子上。它们就这样头朝下挂着，一天、两天、三天……当蜕掉最后一层表皮后，瓢虫就会爬到叶子上待着，并把蛹的尾部遮起来。这时，黄色的虫蛹就开始发黑，而且上面还会长出一些斑点。当完全变色后，蛹的表面就会出现很多斑点，黄色、橘色和黑色的小圆点使其看起来鲜艳多彩，似乎一点儿也没有瓢虫的样子，它就这样毫无遮蔽地挂在那儿。而且由于躲在树叶阴面的缘故，人们是无法轻易看到它的。对那些还未化蛹的幼虫而言，倒挂着的幼虫和虫蛹是很容易找到的猎物。这样一来，我就不得不把它们重新安置到另一个箱子里，以防这些小家伙成为另一些大胃王邻居的盘中餐。蛹的生活时期很短，只一周左右。从第四天起，我开始频繁地观察蛹的状态，因为温度会影响它成为成虫的时间，幼虫最早可以在化蛹四天后进入成虫期。现在白天很热，夜里也还有足够的余温。等到第五天，我发现了第一只破蛹而出的甲虫，没准还是刚从蛹壳儿里钻出的。它的头、胸和足全是黑色的，在背部靠前的地方还能看到常见的白点。鞘翅整体上颜色很淡，只略带一丝粉色，没有任何斑点。刚刚破蛹而出的瓢虫一动不动地趴在蛹壳上。我没有时间一直盯着它，只是估摸着每过一小时去箱子那儿瞧一眼。

小瓢虫的鞘翅变黑、变硬的过程十分缓慢。在鞘翅还处在发白的状态时，上面就已经开始显现出黑色的斑点。最先出现的是背甲接缝处的大圆斑，与之几乎同时出现的还有最靠后的那个斑点。而最后出现的则是前侧部的斑点。在小小的苍白身体上，黑点的轮廓已经微微显露，后来颜色变得越来越暗，越来越清晰。而且身体的颜色也变得愈发明亮了，鞘翅不仅颜色有所改变，也变硬了。傍晚时分，成虫离开了蛹壳，第二天时浑身就已变得亮丽耀人了。它先是吃掉了蛹壳，然后便开始在饲养箱中寻找新的食物。我把一只瓢虫放在沾满蚜虫的叶子上，它便津津有味地吃了起来。在吃完第二片叶子上的蚜虫后，它略微休息了会儿，紧接着又吃起了第三片叶子上的蚜虫……就算再给它第四片带有蚜虫的叶子，小家伙也会全部吃掉。饲养箱中的瓢虫一个个地破蛹而出，它们的身体逐渐变得强壮，外表更加鲜艳；每只幼虫一开始只以蛹壳为食，但它们并不是非得都要吃这种食物。待幼虫稍微长大些后，我就用剪刀划开了蛹壳，故意让它们掉到饲养箱底部。这样一来，瓢虫的第一顿饭就没着落了，但它们并不会就此罢休，而是立刻吃起了蚜虫。由此可见，蛹壳之所以会成为虫子的首道大餐，纯粹只是因为离得近而已。

我刚才说过："待幼虫稍微长大些后……"这时估计会有人问，那为什么不早点把蛹壳拿掉？为什么非要等瓢虫长结实些？要知道，这么做不是没有道理的，且这种经验也并非我个人的总结。八岁那年，我就从书上发现过这一结论。许多年后，在大学期间又读到了它，至于重现整个过程则是更晚的事了。

刚破蛹而出的瓢虫身体十分柔弱，没有变色，也不会爬行，只能一动不动地待在那儿，仿佛在等身体上色。可如果这个时候惊动了它，迫使它开始爬行，那会出现什么情况呢？结果或许会令你大吃一惊！受惊的瓢虫这时开始爬动，因为它已足够结实。此外，它也会开始进食，吃掉蛹壳和蚜虫，身体、鞘翅也逐渐变硬。然而，鞘翅上的斑点却不再继续发生变化；如果受惊时只出现了一小部分，那么其余的就再也不会出现了。

我曾惊扰过一只刚刚破蛹而出的瓢虫。那时，它身上一个斑点都没有，后来也没再出现过新的。鞘翅也不是寻常所见的那种黄红色，而是呈现出一种暗白色；整个虫子看上去色彩暗淡。我在别的时候也吓唬过瓢虫。如果那时它身上已经出现了颜色偏淡的斑点，那么日后这些斑点就不会变鲜艳。在每一次类似的情况下，变色现象似乎都戛然而止，鞘翅也不会变得像平常那么坚硬。

我曾经养过二星瓢虫的蛹，它们黄红色的鞘翅上每边各有一个斑点。这些甲虫的个头儿比七星瓢虫小得多，而且只有在树上才能找到它们。在受到惊扰时，二星瓢虫的斑点要么根本就不出现，要么即使出现了，颜色也十分模糊。这种现象虽然很少有人研究，但在这一过程中确实可以观察到一些非常有趣的东西。在进行这类观察时，根本不需要等幼虫从卵中孵化出来，只要捕捉一些个头儿较大的幼虫就行，如果能再采集些虫蛹，那就更好了。

凶悍的瓢虫（包括成虫和幼虫）可以消灭许多蚜虫以及它们的近亲，还有那些行动迟缓的介壳虫。我们可以去种满圆白菜的菜畦上寻找蚜虫——圆白菜上的蚜虫会咬坏圆白菜的叶球，所以人们得把它消灭干净。你们在圆白菜上发现蚜虫后，就可以抓几只瓢虫的成虫或幼虫放上去，观察一下瓢虫消灭蚜虫那利索的模样。

蚜虫也生活在其他蔬菜上，常见于苹果树和梨树的嫩枝上，有时还会在李子树新枝的叶子上聚集。蚜虫甚至还会侵犯花卉。不少喜欢栽培室内植物的人时常抱怨，自己拿蚜虫简直毫无办法。要是碰上这种情况，完全可以捉些瓢虫放上去，它们很快就能把植物上的蚜虫消灭殆尽。对生长在俄罗斯南方的橘子树、苹果树、梨树、李子树、茶树来说，最危险的敌人莫过于各类介壳虫。即便是用一些有毒的药品也很难消灭它们，而且化学试剂对园丁的帮助也十分有限。事实证明，瓢虫是这些茶树、橘子树和苹果树最好的守护者。不同种类的介壳虫都有对应的瓢虫克星，比方说，本地的一些瓢虫会固定捕食某几类介壳虫，而从外地引进的瓢虫则会把另几类介壳虫当作猎物。在高加索黑海沿岸，瓢虫保卫着我们的橘树林和茶树林，远在澳大利亚来的瓢虫保卫着橘子树，本地野生瓢虫则负责守护茶树林。

谁在用脚尝东西

黄缘蛱蝶[1]是一种常见的大型蝴蝶。不管是谁，只要看上一眼，就终生难忘——它全身呈樱桃色，其间透着点黑，翅膀边缘处长有一道较宽的奶油色花纹，在靠近边纹的地方还镶嵌着一排蓝色的小斑点。

黄缘蛱蝶一般在七月下旬开始出现，自八月初到十月一直都在活动。在此之后，因为天气变得越来越冷，黄缘蛱蝶不得不藏起来过冬。树洞、掉落的树皮和朽木里的细缝都是极好的隐匿之所，它们爬进去后就会紧紧地合上翅膀，蜷缩起腿，安然地睡上一整个冬天。等来年开春，它们又会出来活动一个月左右，待产完卵后，悄然离世。在夏季和初秋，可以在有桦树的地方看到这种蝴蝶，它们通常都出现在稀疏的林子边上。有时停留在树干上，有时则落在树旁的空地上，极少数情况下也会待在花朵上。此外，橡树流出的汁水也总能招来黄缘蛱蝶。

---

[1] 黄缘蛱蝶又称"孝衣蝶"。

跟黄缘蛱蝶一道飞来的还有优红蛱蝶[1]，但后者在夏天一般会更早现身。就颜色而言，优红蛱蝶看上去稍显鲜艳，黑色的翅膀上生有朱红色的条纹。具体来说，它们不光后翅上有花纹点缀，前翅上同样分布着斜线条纹，而且在前翅的边缘处还有零星的白色小斑点。相比之下，优红蛱蝶更喜欢在花上消磨时间，但如果大家想捕上一只，去花丛中其实是找不到的。它们一般落在淌着汁水的白桦、橡树上，林边以及林间小路旁的树干附近，在森林小道上的泥坑和小溪边的湿沙中也能看到优红蛱蝶。住宅附近也会有它们的身影，这是因为这种蝴蝶的幼虫以荨麻为食。

黄缘蛱蝶、优红蛱蝶、孔雀蛱蝶、荨麻蛱蝶、闪蛱蝶、线蛱蝶、豹蛱蝶和网蛱蝶都是蛱蝶科属。它们在前足构造上都有着共同的特征，即前腿不发达，跗节短，无爪。与大多数同类一样，蛱蝶科蝴蝶的嘴部早已演化成了长口器，平时都卷成螺旋状，只有在吃东西的时候才会展开。蝴蝶一般只摄取液态食物。它们会利用自己的口器来吸取花蜜、树木伤口中渗出的汁水以及地上那些熟果子里流出的甜液。另外，糖水也能用来饲养蝴蝶。

那黄缘蛱蝶什么时候才会伸开自己的口器呢？我们可以想象一下，有只卷着口器的黄缘蛱蝶飞到水边，不打算喝水，只是想单纯地歇会儿或晒晒太阳，可一旦它落到橡树流出的汁水

---

[1] 优红蛱蝶又称"海军上将蛱蝶"。

边，立刻就伸出了那长长的口器吮吸起来。很明显，它们肯定有某种分辨清水和甜液的本事。要知道，白桦和橡树流出的树汁都带有浓郁的芬芳，黄缘蛱蝶一闻便知。然而，面对没有任何气味的糖水与清水，它们仍能加以区分。喂糖水，它们就吸糖水；如果喂清水，要是不渴的话，它们是不会伸出口器的。在此期间，黄缘蛱蝶的触角也没沾到水，这就说明触角并不是用来辨别液体味道的器官。再者，它们也没把口器伸进水里，显然，口器也不是用来品尝味道的工具。

那它们究竟是如何分辨食物的呢？味觉器官都长在哪儿呢？说实话，它们的味觉器官都分布在大家完全想象不到的地方——中足和后足的跗节上。只要落到有树汁、糖水或任何液体的地方，黄缘蛱蝶都会主动地用中足和后足的跗节去触碰，至于为何不用前足跗节，是因为它们没有完全发育。

这点倒不难验证。我们可以先抓一只黄缘蛱蝶放入纸盒内，同时夹住它的翅膀不让它动，然后在接下来的三四天里既不给它吃的，也不给喝的。等该环节结束了，再用干棉签拨弄它的跗节，这时可以看到它的口器依然还是卷着的。可如果把蝴蝶放在浸湿的棉团上或用沾水的小毛刷浸湿它的中足或后足的跗节，那么它长长的口器就会慢慢舒展开来。

若是把这只蛱蝶放在可以够到水的地方，它就会伸出口器吮吸。很明显，这个家伙多半是因为闻到了水的味道才决定伸出口器的。大家应该会觉得"闻"这个字很奇怪，毕竟我前面一直在说它是用脚在闻的。等黄缘蛱蝶喝够了水，自然就把口

甜蜜降落

器卷了回去。现在不管你用多少水去浸湿它的跗节，蝴蝶都不会再伸出口器了，因为它已经不想再喝水了。

由于连续几天没有进食，蝴蝶早已饥肠辘辘。这会儿把蘸了糖水的棉签放到它的跗节上，口器就又伸了出来。看来这只黄缘蛱蝶的确能分辨出糖水和清水。当然，用兑了蜂蜜或果酱的水来代替糖水也没问题，因为只要稍有点甜味，它就可以尝得出来。越是觉得饿，蝴蝶的味觉就愈加灵敏。黄缘蛱蝶跗节上的味觉器官要比人的舌头灵敏二百五十倍！

在优红蛱蝶身上也能做同样的实验。不过，只有少数蝴蝶的味觉器官会长在跗节上。例如，善于飞行的天蛾就不用落到花朵上去采蜜，这项工作在空中即可完成；它们的脚上没有味觉器官，因为压根儿就不需要，当然，也并不是所有蛱蝶科的蝴蝶都能用脚来区分固体和液体食物的味道。尽管豹蛱蝶需要落到花朵上采蜜，但它们的脚就尝不出味道，因为花蜜通常都藏在花冠的深处。夏天的时候，在林子旁边，特别是在林中泥泞的小路上可以看到体形较大的线蛱蝶和美丽的闪蛱蝶。黑色的线蛱蝶的翅膀边缘处长有一颗颗棕红色的小斑点，前翅那儿也有些白色的斑点分布。闪蛱蝶一般是黑褐色的，前翅长有白色斑点，后翅长有白色的带状条纹，而且雄蝶的外表大多具有紫色的光泽。以上两种蛱蝶的幼虫都生活在山杨树和白杨树上。无论线蛱蝶还是闪蛱蝶都不会落在花朵上，它们更愿意造访路边的泥巴或已经开始发酵的甜橡树汁，偶尔也会去白桦林或新鲜的粪肥堆那儿溜达。线蛱蝶一般在六月出现，而闪蛱蝶则要等到线蛱蝶已不太常出没的时候才会现身。目前还不知道它们的跗节上是否有味觉器官，它们可能只是根据气味来寻找橡树的，因为发酵了的橡树汁味道很浓，在很远的地方都能嗅到，新鲜的粪堆也可以通过气味发现。要是这样的话，说不定在它们的跗节上还真长有味觉器官呢！

这种猜想也不难验证。可以用胶合板或硬纸板为蝴蝶做一个简易支架，然后把它的翅膀夹在上头，再用毛刷或棉签触碰跗节、只伸出一半的口器以及其他部位。当然，在正式开始实验之前，得让那只被抓到的蝴蝶在饲养箱里饿上数日。此外，某些苍蝇的跗节上也有味觉器官。大家应该都见过金蝇，它们经常在晚上绕着屋里的电灯飞来飞去，惹人生厌。这种苍蝇的胸部是蓝色的，上面有一层微白的东西。红头金蝇头（或者说脸）的前部是橙黄色的，而黑头金蝇头的前部是黑色的。金蝇的前跗节上长有味觉器官，如果把这对跗节放在稀糖水中，它的口器就会伸展出来，准备享用美味。

棕黄色的寄生蜂

夏夜的灯光似乎总能吸引各种虫子。虽然不是所有的昆虫都会上当，但不少飞蛾、小蚊蚋、屎壳郎和各式杂七杂八的甲虫都会一个劲儿地朝着老式煤油灯扑过去！在这些夜间过路者中当然也不会缺少寄生蜂的身影，不过并非所有种类的寄生蜂都会趋之若鹜。

说到寄生蜂的外表，就不得不聊一聊它们独特的产卵器。这种器官有时比它们的身子还要长一到两倍，以致很多人往往误以为这是寄生蜂的"尾巴"。那些不了解昆虫的人肯定会觉得寄生蜂是一种翅膀透明、身体狭长而且还拖着根长长"尾巴"的小虫子。事实上，这样的"长尾巴"并不是寄生蜂的典型特征，许多雌寄生蜂腹部的末端通常只带有一个短短的"尖锥"，甚至某些种类的雌寄生蜂压根儿没有什么"尾巴"。当然，所有的雄寄生蜂都是没有产卵器的。

下面要谈到的寄生蜂只有一根很短的产卵器。这是一种体长不到两厘米的棕黄色寄生蜂，名叫蚜茧蜂 [1]。这种寄生蜂特别迷恋灯泡里发出的亮光。它们从打开的窗户飞进屋来，冲向电灯。一眨眼工夫，它们就不见了。可当你抬头看天花板时，一眼就能看到它们正待在那儿。

一次，我在莫斯科郊外遇见了几十只蚜茧蜂。它们大约在天黑后一小时便开始活动了。那时我在房间里看到有蚜茧蜂在窗外玻璃上爬，于是就出去把落在三扇窗户上的它们都抓了起来。随后我回到屋内继续看书，坐着的时候也还在盯着窗户。等它们再次聚集时，我马上又走出去抓。

晚上经常可以看到这些蚜茧蜂，它们数量庞大，值得研究一番。我把它们放在用纱布围住的简易木箱里。其中有一面是玻璃，当作门用。同时，这也是一个"观察窗"，通过它可以看到箱内发生的一切。饲养箱里暂时什么都没发生，蚜茧蜂沿着箱壁到处爬行，清洁着自己的触角和跗节。可在我准备投喂食物的时候，它们却明显变得兴奋起来。

在自然环境下，蚜茧蜂以花蜜为食，所以我打算用蜂蜜喂养它们。可蜂蜜太过黏稠，需要加水稀释。此外，最好不要把装有蜂蜜水的碟子放在饲养箱中，要不然寄生蜂会把自己弄脏，甚至一不小心被蜜水淹死。我把蜂蜜抹在一小块玻璃上，不用很多，两三小滴即可，接着再滴上几滴水，搅拌均匀。这样一来，蚜茧蜂们的大餐就准备好了！

---

[1] 全称为茶足柄瘤蚜茧蜂，拉丁文学名*Lysiphlebus testaceipes*。

我先把饲养箱的门转向自己，打开后将大餐放在箱底；关上门后，又把箱门转向窗户。

这时，蚜茧蜂为了寻找食物，便朝着有光的地方爬行。

过了一会儿，箱里的蚜茧蜂都凑到了蜜水周围。它们互相推搡着向食物挤去，偶尔有些蚜茧蜂还会爬到其他蜂身上并坐在那儿。

饱餐过后，蚜茧蜂将食物晾在一旁，开始清理身子。它们用跗节和胫节夹住触角进行擦拭，之后还用跗节打理自己的头部，最后再舔干净跗节。它们跟猫一样，时不时就要清洁身体。

蚜茧蜂尤其在意触角部位的清洁。我曾经计算过，在六个小时之内，它前后花了四十二分钟来"梳洗"。

大家对此不必感到惊讶。

因为它们的触角具有嗅觉和触觉功能。要是不慎弄脏了触角，那么蚜茧蜂的这两种感觉就不灵了，几乎如同丧失了与外界联系的器官。

我的房客们继续沿着箱壁四处爬行、进食、清洁自己。不过，我饲养它们的原因可不是只为了欣赏虫子饱餐后如何清洁身上的蜜水。如果是那样的话，养两三只寄生蜂就够了，而我这儿有几十只。

寄生蜂的幼虫是名副其实的寄生虫，它们多以昆虫作为宿主，有些则寄生在蜘蛛身上。蚜茧蜂的幼虫多寄生于蛾类

飞天扫帚

幼虫，多采用体外寄生方式。由于只需把卵附着在毛毛虫[1]身上，因此雌蜂的产卵器不用太长。

既然已经捉到了不少蚜茧蜂，何不趁此好好观察一番呢？我主要是想看它们怎样在毛毛虫的身体上安置自己的后代，出生的孩子又如何长大。总之，我想记录下蚜茧蜂的整个发育过程。

要想实现这个计划，首先得准备好蚜茧蜂和毛毛虫。现在蚜茧蜂倒是挺多，缺的是蛾类幼虫。

隔壁的菜园里种了两垄卷心菜，那里有相当多的菜粉蝶幼虫。但蚜茧蜂对它们丝毫不感兴趣，它们要的是飞蛾的幼虫。

时间来到八月末，这时可别想轻易就找到合适的毛毛虫。因为在选择上存在各种各样的限制条件，比方说蝴蝶的幼虫、灯蛾的幼虫都不能用。大个头儿且拥有鹅绒触感的草纹枯叶蛾的棕黑色幼虫虽然不好找，但如果愿意花工夫，一天内抓上六只还是可以的。但问题是，它们鹅绒般的身体太过柔软，就连蚜茧蜂也瞧不上眼，所以不值得一试。

目前已知蚜茧蜂幼虫可以寄生在四十多种飞蛾的幼虫身上。可笑的是，我竟一只也逮不着。

于是我只得去寻找黄地老虎的幼虫。或许是飞行能力极弱的缘故，它们比较少见，可我也没说要抓很多。对我个人而言，因为难找，故而少见。

---

[1] 此章中提到的毛毛虫均指蛾类的幼虫。

白天是看不到黄地老虎幼虫的，因为它们都躲在土里。我在杂草丛生的休耕地和秋播地周围的荒地上走来走去，想看看能否找到毛毛虫在夜里活动的痕迹。

我找了好几个钟头，直到傍晚，终于找到了六条毛毛虫。尽管不算多，但也够用。最重要的是，我现在已经很清楚哪里可以找到这些小虫子了。黄地老虎一次可产下数百粒卵，可在此前发现毛毛虫的那片杂草地上却仅看到了十来只。既然如此，那我就不得不到土块下面去寻找，只要把表层土刨开，即可发现黄地老虎幼虫日间的藏身之所。

我弄来了一个大饲养箱，顶部配有玻璃盖，两侧装上了玻璃墙作为观察窗。我在箱底铺上了精心筛分好的泥土，还给里面的一只幼虫准备了鲜嫩的生菜作为食物。

其余的地老虎幼虫则暂时住在另一个饲养箱里，因为今天没有时间制作别的食物，所以我也为它们准备了生菜，毕竟生菜本来就是一种不错的食材。

黄地老虎幼虫待在饲养箱里跟生活在野外没太大区别，它们白天藏在土里，晚上爬出来吃东西。只是在野地里，它们的食物略有不同。在这个时节，黄地老虎的幼虫通常以越冬作物的嫩芽为食，这也是它们被称为冬土蚕的原因。如果秋播地里的黄地老虎幼虫够多，那远远望去就能看到田边有一片片光秃秃的黑斑，因为这些虫子把地里的幼苗都给糟蹋了。要知道，黄地老虎的成虫并不会在秋播地上产卵，那些幼虫其实都是从旁边的田里爬来的。黄地老虎可谓一种不折不扣的有害蛾类。

傍晚，我开始观察它们。由于黄地老虎的幼虫夜里才出来活动，所以蚜茧蜂在白天找不到猎物。很明显，只有等到黄昏和夜晚，黄地老虎的幼虫从土中钻到地表时，它们才能发动攻击。

我打开箱门，让蚜茧蜂跟黄地老虎幼虫共处一室。

蚜茧蜂起初在箱子里飞了飞，便停下来，像往常那样清理身体。它先用跗节捋了捋一根触角，正准备清理另一根时，一条毛毛虫突然就从生菜底下钻了出来。

蚜茧蜂一下子就发现了这个家伙。我不知道它是看到的还是嗅到的，但这并不要紧。它一边舞动着又细又长的腿，一边甩晃着前伸的触角，不慌不忙地向猎物爬去；等来到近处后，便用触角弹了弹这只毛毛虫。

黄地老虎幼虫此刻觉得被冒犯了。它昂起头，挺直胸，猛地撞开了侵犯者，接着又顺势从嘴里喷射出一股带泡沫的绿水。

蚜茧蜂赶忙跑开，躲到一边开始清理身体。它清洁干净触角后，用跗节擦了擦眼睛，接着又舔了舔跗节，最后还用脚揩了揩肚子。就这样整理了几分钟后，蚜茧蜂再次向黄地老虎幼虫爬去。

它刚一碰到幼虫，后者便迅速蜷缩起来，而后用力一伸，立刻就将敌人甩了出去，同时又朝蚜茧蜂身上吐了团绿色的泡沫。蚜茧蜂再次铩羽而归，又开始闷头清理身子。

这种情形持续了好一阵子，可猎人最终还是得逞了，成功地跳到了猎物的背上，黄地老虎幼虫开始挣扎打滚儿。

这种画面看上去非常滑稽。毛毛虫飞快地扭来扭去，一会儿伏地趴着，一会儿又蹬脚朝天。蚜茧蜂也不停地调整着腿部姿势，试图摁住这只"大轮子"。

忽然间，黄地老虎幼虫彻底缩成一团，就此消停下来。蚜茧蜂趁机火速起身，把头转向幼虫的尾部，弓起躯干，然后用产卵器的尖端对着毛毛虫一通狠刺……

被蜇伤的黄地老虎幼虫开始痛苦地打起转来。

这时，蚜茧蜂从猎物的身上跳了下来，又一次撤到一旁打理起自己的身体。它的使命已经完成，现在可以安心歇息了。

我从箱子里把黄地老虎幼虫拿了出来，开始用放大镜观察它被刺伤的皮肤。

我在上面发现了三个卵，都产在黄地老虎幼虫躯体靠前的位置。这几个卵其实都已经孵化了，蚜茧蜂的幼虫还露出了小脑袋。

将刚才那只蚜茧蜂从饲养箱中取出后，我又把第二批实验蜂和幼虫送了进去。

结果出现了与刚才类似的场景。蚜茧蜂率先发起进攻，黄地老虎幼虫随之反击。猎人被绿色的泡沫打中后立马撤退并开始清洁身体，紧接着又再次出击。

然而，意外发生了。

一次例行撤退过后，蚜茧蜂一边清理身体，一边稍作休整。此时，心存侥幸的黄地老虎幼虫却意欲在敌人眼皮底下溜走。蚜茧蜂先是按兵不动，待时机成熟后便高高抬起身子，卷起腹部，将产卵器向前一伸，猛刺了一下毛毛虫。

整个捕猎过程一气呵成、有条不紊，堪称一场绝妙的侧翼进攻。

黄地老虎幼虫又开始打起滚来。蚜茧蜂再次上前，又刺了一下。

幼虫继续扭了一阵，安静了下来。直到现在，我总算明白第一只雌蜂当时快速蜇刺是出于何意。实际上，受攻击的幼虫那会儿蜷成一团并非如我们所想的那样是因为累了，而是因为身体被刺麻了。

第二只黄地老虎幼虫已乖乖就范，蚜茧蜂爬到它身上后，把头转向其躯干尾端，伸出了腹部的螯针……

虽然黄地老虎幼虫很快就醒了，但无奈蚜茧蜂早已产好卵，清理身子去了。

我没有安排第三组进行观察的计划，而是想看看前两组实验蜂产下的卵。虫卵都已孵化，幼虫还从里面探出了小脑袋，它们的头上有两个锋利的钩，这是它们的颚。幼虫会利用这两个小钩死死咬住黄地老虎幼虫的外皮并心无旁骛地吸食养分，但倘若没有放大镜的帮助，人们几乎看不到这些小机灵鬼。

蚜茧蜂卵的末端有一根长柄。在雌蜂生产时，这根小玩意儿便会顺着输卵管刺进黄地老虎幼虫的表皮。如此一来，卵壳就被牢牢地粘在了幼虫身上，像是用线给缝上了一样。

那么蚜茧蜂的幼虫什么时候才能脱离卵壳呢？用的怎样的

办法呢？当下又是如何在壳内生活的呢？

要解答第一个问题只需要时间。至于第二个问题，怕是要搭上几只可怜幼虫的性命。如果一次成功还行，不然，恐怕就得再牺牲两三只虫子。

可是真有必要去冒这个险吗？毕竟我也就只有这么些虫子。明晚实验能否成功还不好说。我准备在明晚前获得第二个问题的答案，因为台灯的光线不足以让我进行接下来的工作。

白天，我又去捕捉黄地老虎幼虫。晚上，我又把"猎人"和它的"猎物"放到了同一个饲养箱内。

这一次，我找到了一只非常好斗的黄地老虎幼虫。也可能是这只蚜茧蜂不够迅猛。谁知道呢？

被激怒的黄地老虎幼虫不仅把蚜茧蜂挤在了一角，向它喷出绿色泡沫，还设法压住了它的脚，还好，最后蚜茧蜂勉强逃掉了。

黄地老虎幼虫在面临新的攻击时旋转得很厉害，以至于蚜茧蜂无法刺中它，麻痹攻击与退却蛰伏轮番进行，蚜茧蜂又跑去清洁身体了。这场争斗以蚜茧蜂将卵产在黄地老虎幼虫的尾部告终。但对蚜茧蜂卵来说，这不是一个好地方。

没有人教过蚜茧蜂，黄地老虎幼虫的哪个部位对它的卵和幼虫最安全。现在的情况对蚜茧蜂的卵和幼虫来说是非常危险的。在一开始，我就对这一点深信不疑。

卵针刺入只是一种短期刺激，卵最终进入皮肤是一种较长期的刺激。当幼虫破壳而出时，它就把钩状的下颚刺入了黄地老虎幼虫的皮肤，开始吸取营养。这种刺激不是一分钟、一小时或一天的事，而会持续很多天。

当然，黄地老虎幼虫也会把头伸向被幼虫颚部刺伤的地方，伸出爪子去抓，直到把它扯下来——死亡的卵和幼虫留在皮肤上本不会造成伤害，使黄地老虎幼虫感到难受的是幼虫下颚的啮咬和不断地吮吸。

黄地老虎幼虫无法消灭附着在头部后面的寄生幼虫，因为它根本无法够到那个地方。而产在黄地老虎幼虫身体后部的寄生蜂幼虫时时都有被消灭的危险。

适者生存的力量使雌蚜茧蜂养成了紧贴黄地老虎幼虫脑后产卵的习惯。

当然，蚜茧蜂并不是总能将卵产在正确的地方。雌蚜茧蜂在激烈的搏斗中可能会把黄地老虎幼虫的头尾弄混，把尾部错当作了头部。

研究那个犯了严重错误的雌蚜茧蜂似乎更有意义，于是，我把它放到单独的饲养箱中。

明天，当它遇到新的黄地老虎幼虫时，会不会再犯同样的错误呢？

我暂时还没有将新的"猎物"放进饲养箱的打算。今天，我已经不再想对蚜茧蜂和黄地老虎幼虫间的角力展开观察，而是开始观察受卵位置不当的黄地老虎幼虫。

它不安地爬着，扭过头，弓着身子。蚜茧蜂的卵一刺激它，它就不住地伸头。黄地老虎幼虫弓起身子，把头伸向身体的两侧和背部。它触碰着身体上皱褶的皮肤，一次次地绷紧身体，伸出下颚寻找不适之处。

只见，它用下颚咬住虫卵已经裂开的壳，撕开它，寄生蜂的幼虫受了伤。20 分钟后，第二只幼虫遭到了同样的命运。

黄地老虎幼虫身上已经没有虫卵了，但它仍然很焦躁，无论如何也不能平静下来。

但我可不想牺牲额外的幼虫来了解它们在卵壳里的状态，因为之前已经攒下了不少正待销毁的蜂卵。

傍晚时分，我在为另一条黄地老虎幼虫挑选对手时，发现饲养箱底部多出了一些黑色颗粒，看上去很眼熟。

这又是什么东西呢？

使用放大镜进行观察前，我猜测那都是蚜茧蜂产下的卵。通过放大镜观察后，果真如我所料。

可它们是怎样落到箱底的呢？原因何在？道理其实很简单：蚜茧蜂的卵在体内成熟后，便会一粒接一粒地挪向产卵器的开口。等雌蜂找到黄地老虎幼虫时，就顺势在对方身上产下几粒卵，好为下一批正在发育的虫卵腾出空间。接着，蚜茧蜂会继续寻找新目标，待锁定后，迅速下卵。依次类推，直至把卵彻底产完。

一般来讲，要是找不到黄地老虎幼虫，蚜茧蜂便无处产卵。但另一方面，新成熟的卵又不能长时间待在体内，于是，雌蜂索性将它们从产卵器中排出，任其自生自灭。

掉在箱底的卵几乎都裂开了，有些卵里的幼虫也已经死了。

我拿来了一个扁平的玻璃小碟，往里面倒了点水，再放上一粒卵，然后将小碟拿到双目显微镜的载物台上。我用锋利的针头小心翼翼地拨开了卵壳，把外壳捣碎后就看到了蚜茧蜂幼虫的腹部及其末端。

幼虫身上长满了尖刺，且都朝向头部。这时如果去拉扯它们的头，那么众多小刺就会牢牢卡在卵壳上。

这样一来，我们就解决了第二个问题，即幼虫是如何安坐在卵壳里的。

卵柄在黄地老虎幼虫的皮肤上嵌得很结实。里面的幼虫不但能利用小刺挂在卵壳内壁，而且还会用前颚咬住黄地老虎幼虫的皮肤。

现在只剩第一个问题有待解答，但这需要耐心，我自然可以做到。我日复一日地观察着黄地老虎幼虫和蚜茧蜂的幼虫，期待能有结果。

接连三天，蚜茧蜂幼虫的口器都没离开过黄地老虎幼虫的皮肤，而且既非啃，亦非吃。它只是一边咬住毛毛虫的外皮，一边贪婪地吮吸着皮下的汁水。

黄地老虎幼虫浑身难受，变着法地打滚儿。它一会儿蜷成一团，一会儿又展开身子，还试图弯下身子去咬侵犯者藏匿的地方，想把这家伙扯下来。可蚜茧蜂刚好把卵产在了猎物的脑后，这就好比幼虫把家安在了黄地老虎幼虫的颈部。试想，谁有本事能用自己的下巴够着脖子呀！

三天过后，蚜茧蜂的幼虫已经蜕去了一层旧皮。

蜕皮后的幼虫在生活上依然我行我素，还是照样咬着黄地老虎幼虫的外皮，继续吮吸着汁液。

但不同的是，幼虫这次选择了另一处下口，且离之前的咬痕不远。在蜕皮的过程中，幼虫的口器也会跟着一起换皮。在旧皮脱落时，幼虫便会把口器从中抽出，就好像脱掉了一层保护套。完事后，它挨着旧皮重新找了块地方，咬下去后又开始吮吸起来，而刚才蜕下的旧皮则仍挂在黄地老虎幼虫身上。

现在，蚜茧蜂的幼虫在毛毛虫身上抓得更牢了，不光其腹部末端仍留在原先带刺的旧皮内，连旧皮上面的刺也同样牢牢地卡在卵壳的内壁上，而这些东西仍旧与那结实的卵柄缠在一起，口器的旧壳也在前边支撑着蜕下的旧皮。这么一来，幼虫目前的安身之所就有两处与黄地老虎幼虫的身体直接相连，此外，它自己也在用口器咬着寄主。

幼虫的侵犯令黄地老虎幼虫每天都过得胆战心惊。两天后，幼虫经历了第二次蜕皮。紧接着又过了两天，开始了第三次。每逢蜕皮之际，幼虫都会从原来的皮囊中往外拱出部分身体，以方便自己在寄主身上换个地方下嘴。

第三次蜕皮后的幼虫长约八毫米，肉眼从远处可见。此时的毛毛虫几近失控，只会一个劲儿地抽搐，有时也会侧着身子躺上好长一段时间。可以看出，它现在非常虚弱，因为身体早被猎人给掏空了。

第四次蜕皮后，除卵壳以外，蚜茧蜂幼虫身上已有四套旧衣服，而藏在这些衣物底下的卵壳也几乎看不见了。

等到第二周的最后一天，寄生幼虫便不再折磨那只奄奄一息的黄地老虎幼虫，它开始作茧，伺机化蛹。这个时候的黄地老虎幼虫已经死亡。三周后，一只全新的寄生蜂破茧而出。

以上这则关于寄生蜂幼虫成长的故事只是我举出的个例，因为并不是所有的幼虫都能以这种寻常的方式在黄地老虎幼虫身上发育生长。

再者，实验用的幼虫也不只限于黄地老虎幼虫，我还找到了甘蓝夜蛾和其他一些蛾类的幼虫。尽管我对它们提不起兴趣，可黑带二尾舟蛾幼虫与蚜茧蜂的邂逅却也极为有趣。

描述这种毛毛虫的外表并不容易。看看黑带二尾舟蛾幼虫那张牙舞爪的样子，它们尾部的两根"鞭子"既可伸缩，又能摇摆。当这种幼虫突然支起前身并甩出"鞭子"时，还真挺吓人。

这也是令人惊恐的意外。由于这些幼虫是绿色的，背部为栗红色，两侧有白色斑点，所以在树枝上几乎不能发现它们。它们的尾巴缩起来，只有手柄状的身体是可见的。黑带二尾舟蛾幼虫沿着树枝或叶子蠕动……突然，它们旁若无人地扬起可怕的头，抬起并抽动显眼的尾巴……会吓你一大跳。

我路过柳树时发现了一只黑带二尾舟蛾的幼虫。刚想下手抓，不料这虫子马上就对我发出"恐吓"。但我可不是没见过世面的雏鸟，才不会被它的尾巴或模样唬住。最后，我还是把这只黑带二尾舟蛾的幼虫收入了自己的饲养箱中。

当晚，我把一只蚜茧蜂赶到了黑带二尾舟蛾幼虫身边。

于是，蚜茧蜂便开始攻击猎物，而对方也毫不示弱，千方百计地还击。

黑带二尾舟蛾幼虫不停地翻滚旋转，时不时抬起头和身子，猛烈地左右摇摆，晃动尾巴。蚜茧蜂前后躲闪，而后退到一边休整了一两分钟，顺便也清理一下身子。此时，黑带二尾舟蛾的幼虫也平静下来了，它缩回"尾巴"，俯下身子。紧接着，蚜茧蜂再次来袭，幼虫再次弓起身子，以示警告……

最终，蚜茧蜂还是得以在这只吓人的黑带二尾舟蛾幼虫身上产下了几粒卵。

小菜蛾幼虫以与黄地老虎幼虫相似的方式击退了寄生蜂，不过有三只没能成功。我几乎每天都能在饲养箱底发现寄生蜂的卵，其中一些是刚被产下的。一旦它们产在黄地老虎幼虫身上，这些幼虫就会开始发育。产卵的过程不重要，重要的是它们能够顺利孵化。

蚜茧蜂在黄地老虎幼虫身上产卵时，会借助卵柄把卵壳深深地扎入宿主的皮肤里，就如同用线把卵缝在了黄地老虎幼虫身上。这项工作太过精巧，我可学不来。试想，如何才能做到把卵柄刺进黄地老虎幼虫体内的同时，既不损伤虫卵，也不过分伤害黄地老虎幼虫呢？何况卵柄本身也得牢牢嵌进黄地老虎幼虫的皮肤里。

虽然不能用线缝，但我可以用粘的。我把蚜茧蜂刚掉落的一粒卵粘到了黄地老虎幼虫的皮肤上。按实验流程来处理的话，我需要把卵先粘在黄地老虎幼虫背部的侧面，因为那里是它用口器咬不到的地方。

操作十分成功！卵壳已经附在黄地老虎幼虫身上了，蚜茧蜂的幼虫已经开始吸食宿主的汁液，它逐渐变大、蜕皮……

我其实并没有把很多卵粘在蚜茧蜂惯常产卵的地方——黄地老虎幼虫的背部。这些卵大多分布在宿主身体上的不同位置，而观察它们的生长过程是件十分有趣的事。我在黄地老虎幼虫躯体的中部和靠近尾部的地方都粘上了蜂卵。此外，在黄地老虎幼虫的背部、两侧、腹环的隆起处以及腹环之间的皱褶处也放了一些。这样的话，我就可以好好观察黄地老虎幼虫是如何清除自己身上的寄生虫的了。但在以上实验中，所有蚜茧蜂的幼虫几乎都被宿主给消灭了，唯有在两侧和背部前端的虫卵安然无恙，因为那几处是黄地老虎幼虫口器够不着的位置。

蚜茧蜂会攻击许多蛾类的幼虫，因此它并非黄地老虎的专属敌人。其他种类的寄生蜂同样会把黄地老虎的幼虫当成宿主，它们中有些习惯把卵产在黄地老虎幼虫的体表，而有些则直接就产在对方体内。尽管不同种类的寄生蜂各有各的活法，但它们都有消灭害虫的本领，个顶个是保卫庄稼的好帮手。

听说，有些工厂会专门养殖寄生蜂。说到这里，有一点非常重要，不要去森林里、野外打扰它们。当大家看到蚜茧蜂，或任何其他种类的寄生蜂时，请不要伤害它们。如果它在晚上向着灯光飞到你身边，请小心地抓住它们，打开窗户将它们放走。

坚果屋

在一堆榛子里总能发现一颗里面生虫子的。咬开后，味道苦涩，里面只剩被蛀空的果仁或一团潮湿的碎渣，有时甚至还可以看到里面的"住户"，通常都是一只头部发黄、没长脚的白色小虫。

一颗榛子如果生了虫，那么它的壳上可能会出现一个小洞，也可能没有。但不存在这样一种情况：榛果壳上既有小洞，壳里又有幼虫。

橡果也是如此，但跟榛子稍有不同。从榛子树上能摘到有虫眼的果实，可在橡树枝上却见不到，只能去地上寻找它们。

下面就是关于长虫子的榛子和带小孔的橡果的故事。

那就让我们从榛子说起吧。

初夏时节，一只甲虫从地底钻了出来。它个儿不大，身披一层浅棕红绒毛，上面有些许斑点。它的跗节很有劲儿，抓东西的时候就跟粘住了一样，但这却不是其引人注目的地方。它有一个长长的鼻子，比身子短不了多少，而且还很细，比马鬃略粗。这只甲虫就像擎着长矛一样把这根鼻子指向前方。

不过，这可不是什么真的鼻子，甲虫是没有这种器官的。在放大镜下，它的大头一览无余。原来，在这根鼻状喙的最前端是一张嘴，那里还长着很小的颚以及甲虫类昆虫嘴边都有的东西，在鼻状喙的中间还有两根弯曲的触须，而它的眼睛就长在触须的根部。由于甲虫脑袋向前突出得过于夸张，所以从外表上看，的确就似长了根尖吻或象鼻。

这类甲虫有一个共同的名字——象鼻虫或象甲虫。象鼻虫种类繁多，约有三千五百种[1]。

象鼻虫在爬行时总摆出一副高雅的姿态，不慌不忙。不过，话说回来，它就算想急也急不来，因为"鼻子"太长，跑不起来。

太阳底下十分温暖，象鼻虫也晒暖和了，于是便张开鞘翅，伸出翅膀，舒展片刻后又收了回去，就像在阳光下伸了个懒腰。

在又黑、又闷、又潮的土中待了这么些天，如今能晒晒太阳也挺不错。

从一堆灌木丛挪到另一堆，从一片树叶跳到另一片，象鼻虫时而在爬，时而在飞。尽管它飞得并不好，但在灌木丛中行走，在树枝间飞来飞去的本事还是有的。

就这样，半个夏天过去了。

---

[1] 在作者写作时期，统计出苏联境内存在约三千五百种象鼻虫；目前，在世界范围内约有六万种象鼻虫。

坚果屋大师

榛子成熟了。于是，象鼻虫搬到榛树上，在一颗颗榛子上爬来爬去。

榛子的外壳虽硬，但里头的果仁却很好吃。对象鼻虫的白色宝宝来说，这里称得上最佳住所，只是这种户型的房子没装门，进不去。

于是，象鼻虫便开始造门。要知道，在榛子壳上开扇门可不是件轻松的事儿。

象鼻虫先爬到一颗榛子上，然后又移到了另一颗上面。它用喙的末端触碰榛子壳，好像在探查什么——碰一碰，不行，转身走了；然后又到旁边的地方碰一碰，不合适，又走开了，接着再继续去其他地方碰碰运气……

你可能会觉得象鼻虫很挑剔，可它又有什么办法呢？总不能随随便便就找个地方给幼虫住下吧。那个榛子说不定是坏的，又或者，看上眼的"房子"被人捷足先登了。正因如此，以榛仁为食的象鼻虫才会在不同的榛子间爬来爬去，寻找宜居之所。

它找呀找呀，终于找到了，榛子也挑好了，门的位置也确定了。

光找到地方是不够的，还必须打个洞，然后再给榛子屋开个门。

那这扇门该怎么做呢？究竟要用到哪些工具呢？原来，象鼻虫喙的末端长有两片颚，其实就是两块甲壳质的薄片。尽管它们的尺寸非常小（必须盯着喙的末端才能看清），但质地却十分坚硬。因此，无论遇到什么糟糕的情况，象鼻虫都会用它们来啃咬榛子的外壳。事实上，即便面对刚长熟的榛子，象鼻虫颚的硬度也毫不逊色。

由于象鼻虫的颚位于喙尖，所以要想充分利用好这个工具，就不得不保持垂直向下的姿势。但问题在于，它的喙几乎跟身体一样长，因此，这确是个不小的挑战！

象鼻虫用脚把身子支了起来，在我们眼中，就像是踮起了脚。与此同时，它还把头努力朝下垂。由于喙本身就长在头前的一个突出部分，所以只要象鼻虫把头往下一压，喙尖自然而然就会指向低处。

随着象鼻虫把身体越抬越高，它喙尖的位置也越降越低。最后，它的颚终于碰到了榛子的外壳。

现在，这只专吃榛子的虫子就像是用屁股坐着，不仅后足牢牢地抓着榛子壳，同时，弯下的喙尖也抵在壳上。它的两只前足悬于空中，中足勉强站在榛子上。就这样，象鼻虫以一种吃力的姿势开始了钻眼工作。

象鼻虫使出了浑身解数来抓住榛子。它那根极富弹性的长喙仿佛一只被压变形的弹簧，随时都可能弹开。此时，后足一直在打滑，前足则因用力过度而止不住地颤抖。

颚的进展很慢，毕竟榛子外壳可不好啃。它的长喙有时朝右偏，有时又向左转，一直都在啃呀啃……

一个小时过去了，榛子壳上出现了一个小坑。接着，又过了两个小时，这个小坑明显变深了。最终，小坑变成了小洞。

门做好了！从现在起，象鼻虫的工作进度可以加快了，因为钻进榛子仁可比咬开榛子壳要容易多了。

象鼻虫造的这扇门其实很小，它自己都爬不进去，反正就是连下脚的地方都没有。但这座屋子毕竟不是为它自己准备的，而是母亲给孩子准备的婴儿房。确切地说，这地方只能给一个宝宝居住。

将长喙从榛子中拔出来后，雌象鼻虫转身背对着壳上的小洞，接着，它将从腹部末端伸出的一根细管直穿小洞，一直插进榛子内部。

然后，一颗卵就顺着这根产卵管滑进了榛子屋。

未来的小房客业已入住榛子屋。于是，象鼻虫妈妈便开始寻找新的榛子。因为它还有很多卵待产，所以对这类公寓有着迫切的需求。

象鼻虫的工作并不总是一帆风顺，毕竟世事无常，什么情况都可能出现。在使用长喙钻洞时，任何操作上的失误对象鼻虫而言都是致命的。

尽管不曾亲眼看见象鼻虫出现失误的场景，但我在树林和花园里的确发现过一些姿势奇怪的象鼻虫：长喙卡在榛子里，身子悬空，就好像被大头针给钉住了。

象鼻虫为何会落得如此下场呢？

这倒也不难猜。很可能是因为在钻壳过程中足底打滑，再加上它的跗节又没能抓牢榛子。于是，象鼻虫的长喙立马就被弹直了，身子也跟着被抛了出去……

这会儿，可怜的虫子开始拼命蹬腿，甩动触须。那它到底该怎样自救呢？如果想要拔出长喙的话，它就必须把腿支在榛子上。然而，不管悬在空中的象鼻虫如何摆动，它的腿始终都无法够到榛子。

在树林里发现的这种象鼻虫都是死了的，但我在家看到的却都是活着的，因为我一天要察看饲养笼好几次，所以一般都能及时救下它们。我习惯用镊子把象鼻虫的长喙从榛子里小心翼翼地拔出来。获救后，小虫子就开始整理身子，摆弄触须……

过了五至十分钟，象鼻虫就像什么都没发生一样，继续爬行。

象鼻虫的幼虫从卵中孵出来后，就一直被食物包围着。虽然它还没有脚，但只需稍稍动动身体，再张张嘴，食物就会自动来到嘴边。

幼虫一边吃一边长，可无论它怎么胡吃海塞，终究吃不完整个榛子仁，毕竟食物过于充足。大约一个月后，幼虫就长大了。这时，它开始在榛子里翻来覆去，接着又爬到榛子的底部，这个地方在外侧刚好被萼所覆盖，所以没那么硬。

可幼虫怎么会知道这些呢？又没有谁事先告诉它，榛子壳哪个部分比较柔软。尽管如此，它仍能找到正确的位置。

不过，要做到这一点并不需要费多少脑子。榛子里面虽说不上非常宽敞，但花萼覆盖住了很大一部分的榛子外壳；幼虫只需把头转向榛子屋的底部，然后再稍往前拱拱，一下就能找到那个地方。

现在，幼虫准备正式离开自己的住处，于是，开始啃起榛子壳来。

但待在榛子屋里有什么不好呢？坚固的榛子壳可以抵御敌人，再说严冬也即将来临。可幼虫却偏不按套路来，非要急着出来。

幼虫在壳上咬出了一个小圆孔。小孔里面比外面大一些，而且边缘光滑得就像被打磨过。小孔本身并不大，只比幼虫的小脑袋宽点儿。可问题是，虫子的头径只有躯干的三分之一，头可以伸过去，至于身体，那就不好说了。

或许大家都见过有虫眼的榛子，甚至还曾咬开过带虫的榛子。如果是这样，那可以试着回忆一下，是壳上的孔大还是榛子里的虫子大。如果你仔细观察过二者（前提是要在不同榛子之间作对比），那大概就能发现幼虫比小孔大得多。这只胖胖的虫子竟能从如此狭窄的小门里钻了出来。它究竟是怎么做到的呢？

幼虫拥有的出奇柔软的身体，就是答案。

幼虫先在壳上啃出了一个小孔，这样就可以把头伸出去，而且它的头上还披着一层坚硬的角质外壳，仿佛套上了一个坚固的护盔。

幼虫没有足。在它柔软洁白的身体上也看不到毛刺或小钩，所以说没有什么东西可以帮助它固定在榛子的内壁，况且，它也用不着费这工夫，只要能啃出可以挤出自己脑袋的小孔就行。

幼虫把身体先弯曲，再挺直，然后又弯曲……它的颚由于用力的缘故一直张着。就这样，幼虫的上半身开始伸展。它柔软的身体蜷缩在狭窄的孔洞中，一点一点地往外挤。

此时，幼虫已经把头和胸挪到了榛子外面，紧接着，这两部分又重新鼓了起来，开始变粗……

最后再使把劲儿，幼虫终于自由了！

自然界中，动物爬进窄缝或小孔的情况并不罕见。老鼠可以挤进容得下其头部的任何缝隙。伶鼬、白鼬和黄鼬也拥有同样的本领，换言之，只要头能钻出去，柔软细长的身体也挤得过去。

其实，我们可以猜到榛子里面发生了什么。通过不停地弯曲挺直、收缩膨胀，拉长缩短自己的身体，幼虫把身体的前部变得又长又细，胸部也挤过了小孔，此时，它的一部分内脏被挤压，另一部分则被推到了身体的后部。

后来，它身体的中部也开始变细、变长，而已经挪到外面的身体却重新膨胀了起来，先前被挤压的内脏又回到了原位，而身体也有了足够的空间。这样一来，象鼻虫索性把身体末端的内脏都吸了回去，然后再一缩，便整个顺利地滑出了小孔。

一次，我幸运地看到一条幼虫正从榛子里挤出来。虽然过程不是很完整，但关键环节在……一连好几个小时我都在盯着榛子，等幼虫探出脑袋和一部分身体。待时机成熟，我立刻就把榛子移至事先准备好的夹盘上并锯开了它。

一个绝妙的场景映入眼帘。幼虫好像被从中间夹住了，头和膨胀的胸部在外侧，肥大的腹部在榛子内侧，看上去就像一个奇怪的数字"8"：上半部分几乎是一个圆形，下半部分则是宽而紧绷的中部，呈扁长的椭圆形。

幼虫从来不会在自己家门口多停留一秒。倒不是因为它自己着急，而是因为没有办法抓住榛子壳，所以掉了下去。

幼虫是从三四米高的地方掉下去的，对人类而言，就如同从一百五十层楼的屋顶上摔下来，而幼虫的体长也就一厘米左右。

幼虫没有摔死，甚至都没受伤。柔软而轻盈的身子从任何高度掉下来都不碍事。

幼虫落地后爬了一会儿，很快就找到了合适挖洞的地方。虫子钻进去后便要准备越冬。翌春，幼虫开始化蛹。几周后，一只长着长鼻子的虫子从洞里爬了出来。

有时，榛子在幼虫离开之前就从树上掉落下来。那样一来，幼虫就用不着"跳楼"了，它可以从榛子壳直接滑到地面。

但不管怎样，幼虫是一定要离开榛子的。

这是为什么呢？

原因很简单。幼虫会化蛹，蛹会变成象鼻虫，象鼻虫是无法从榛子里爬出来的，何况它还没长出可以用来造门的工具，就算是用坚硬的颚也只能钻出一个极小的洞。不信可以试试——先用小钻头开一个洞，然后再看看穿着厚壳的象鼻虫能否挤出去。

所以说，只有幼虫才能从榛子里出来。

幼虫在春天才会化蛹。在榛子里过冬似乎比在地下更舒适，幼虫在榛子里受坚硬的外壳保护，倘若在地里，则只能无遮无挡地躺着。幼虫完全可以在榛子里越冬，只在春天化蛹之前钻出去。这办法似乎既实用，又简单。

简单是简单，但并非完美。事实上，无论如何幼虫也不能在榛子里过冬。因为，榛子一旦落到地上，很快就会变成危险场所。老鼠和田鼠都喜欢这种美食，獾和熊也不会拒绝。若榛子屋恰好引来了敌人，那幼虫可是会送命的。

好了，现在来说说栎实象鼻虫的故事。

在讲之前，应该先给大家介绍一下这两种以坚果为家的甲虫。它们是近亲，干的活儿也类似。前者的幼虫生活在榛子里，而后者的幼虫生活在栎实里。这就是为什么它们被叫作榛实象鼻虫和栎实象鼻虫。当然，它们还有更长、更正式的学名。

榛实象鼻虫和栎实象鼻虫的生活方式没多大区别，且二者在外形上也非常相似，只是前者稍小一点儿。榛实象鼻虫的触须生有浓密的绒毛，但栎实象鼻虫触须上的绒毛则较为稀疏，触须本身也更细一些；此外，前者在鞘翅接缝的末端还长有直立的刚毛，而后者却没有。

我们不仅能在春、夏两季看到栎实象鼻虫，在秋天也可以。

那怎样才可以找到它呢？在森林里散步时，去栎树上找这种甲虫吗？要知道，树林里的栎树本就不多，况且也不是每棵栎树上都生活着栎实象鼻虫，即使有，数量也达不到成千上万的地步。因此，在观察栎实之前，首先要确定树上是否有这种象鼻虫。

有一个简单的办法可以找到藏在树枝和树叶上的象鼻虫。我们只需在树下铺一块防水布或床单，然后猛烈地推一推树干、晃一晃树枝。不一会儿，毛毛虫、甲虫、蠕虫以及其他小动物都纷纷掉了下来。如果在这些虫子里一只栎实象鼻虫都没有，那就意味着它们不在这棵树上，需要去其他结了栎实的树上找。相比之下，寻找榛实象鼻虫可不用这样费劲，只要仔细观察带榛子的树枝就行。

栎实象鼻虫对栎实的挑剔程度不逊于榛实象鼻虫选择榛子。它们会从栎实的萼部到顶端仔细地察看一番。如果这个栎实合适，就开始钻孔。

在钻孔的过程中，它采取和榛实象鼻虫一样的姿势，也是慢条斯理地展开工作，有时还会同样因为弹起的长喙而被抛到空中，白白丢了性命。不过，它也有自己的特点。毕竟，栎实与榛子是不同的果子，既然房子不同，那么其中的生活也自然是另一番景象。再说，住在里面的房客也不是一类虫子，它们各有各的习性。

栎实象鼻虫钻透栎实外壳后，就会在上面留下一个小点，而且周围还有一圈褐色的环。通常在绿色的栎实上可以看到这种斑点，在已经变成褐色的栎实上同样可见。

要知道，这种象鼻虫可不会随便在栎实上找个地方就钻洞，它只在萼部（壳斗）附近打孔，所以我们应该在这个地方寻找斑点。有时，象鼻虫还会在萼部凿洞，但这种情况并不常见。

然而，有长喙钻过的痕迹并不意味在栎实里已经有住户了。象鼻虫会钻洞，但不一定会在里面产卵。这是为什么呢？因为象鼻虫有时只是想尝尝栎实而已，所以才在上面咬出一个洞。但有时也会出现其他情况，比方说栎实里有象鼻虫不喜欢的东西，于是它就索性放弃了。

那我们该如何去研究它工作时候的样子呢？

首先，我们需要剪下带有栎实的树枝，将它静置在水中数天，然后一周之内便可观察到象鼻虫是如何工作的。如果这个小家伙不喜欢这些栎实，那另换一批就是了。

栎实象鼻虫从不轻易在栎实外壳上钻洞。刚从卵里孵化出来的幼虫需要一种更为柔软的特殊食物，且在栎实的基部就能找到。因为在这里没有那种绵密的厚实物质，取而代之的是柔软多汁的细嫩纤维衬垫。此外，这里还是象鼻虫产卵的地方。

单纯在衬垫上打个小孔是解决不了问题的，象鼻虫还必须想办法让幼虫过得舒服些，因为这种纤维层会随着栎实果龄的增长而变粗糙。

象鼻虫通常不会在被寄生的栎实中产卵。我们之前讨论过这个问题，果实上的斑点就是一种判断的标识。当然，也不是说有斑点就一定代表栎实被其他虫子占了。象鼻虫可以在栎实上钻孔，但未必每次都往里面产卵。不管怎样，有洞的栎实终究会被淘汰。在给即将出生的宝宝挑选住所时，栎实象鼻虫遵循着十分严苛的标准。

由此可见，栎实象鼻虫可以辨别一个栎实是否被钻过眼。至于果子里面的纤维层合不合适、质地是否粗糙，那又该如何知晓呢？有一个办法可以，那就是尝味道。象鼻虫每次都是这样做的。

为了验证这一点，我们可以收集一些象鼻虫和栎实。观察后就会发现，有时钻完洞的象鼻虫不会把产卵器伸进去，意思就是它没有产卵。若是偶尔走神没盯紧，象鼻虫钻破了栎实，便无法得知它在里面有没有产卵。如果想要弄清楚这个问题，倒也没什么特别的技巧；就算栎实里真有虫卵，你也是等不到幼虫自己破壳爬出来的，所以必须进一步切开观察。

不过倒也不必为此感到焦虑。如果确实想培育幼虫，再等它们化为成虫的话，还有更简单的办法。夏末，我们可以去收集掉到地上的栎实，接着再仔细观察。斑点就是判定依据之一，果实的轻重则是另一个。总的来说，我们不用费什么工夫就能得到长大的幼虫。

外壳上的斑点是象鼻虫爬行通道的端口。可以先把栎实从壳斗中取出，之后再将头发或鬃毛小心地塞进孔中，尽量插到底。完成以上步骤后，再小心地将栎实切成薄片，直至小孔彻底暴露出来。那根提前插入孔洞的毛发主要用以保持在切割过程中不破坏通道的完整性。

我们最好多切几个栎实，切上十几个都行。剖开后，我们就能看到卵被产在纤维层旁边，而在那些没有卵的栎实里，纤维层就显得很粗糙。

因此，只有比较过带卵和不带卵两种栎实的纤维后才能了解具体情况。幼虫吃完柔软的纤维层后，便开始啃子叶。有时，它甚至会吃掉一整颗栎实，最后只留下空空的壳和一堆蛀屑。

有幼虫寄生的栎实没等到成熟就要掉落，但幼虫仍得继续在壳内生长。到了秋天，它就会咬出小孔爬出，再钻入土里，在二十至二十五厘米深的地方挖洞过冬，来年春天便开始化蛹，不久后又变成了象鼻虫。

但有时幼虫整个夏天都待在土中，等再越一次（甚至两次）冬后才化蛹。

栎实中不仅有栎实象鼻虫的幼虫，还可以找到小蠹蛾的幼虫。区分两种幼虫很容易：前者有腿，后者没有；栎实里的小蠹蛾幼虫是淡黄色或浅粉红色的，头是黑色的，而栎实象鼻虫的幼虫是橙红色的，头则是黄色的。

小蠹蛾不能在栎实内部产卵，因为它没有在栎实外壳上钻孔的本事。这种蛾只能把卵产在萼部，孵出的幼虫日后会自己钻进栎实内部。待蛾的幼虫长大后也可以咬出小孔，从里面爬出去。它们钻出的小孔不像栎实象鼻虫幼虫钻得那样圆，而是椭圆形的。

栎实象鼻虫会糟蹋栎实。被这种甲虫啃食的栎实不适合用来播种，而要分辨栎实是否被虫蛀过倒也不难，只需看看有无明显的虫眼即可。不到时候就掉落的栎实要么是有毛病的，要么就是被象鼻虫、蛾的幼虫寄生过。遇到这种栎实，我们都要收集起来并加以销毁。

虫卵环

天幕枯叶蛾总是随处可见。在林子里、公园里和花园里都有它们的身影。它通常生活在高加索、沃洛格达、乌拉尔地区以及圣彼得堡的近郊。林业工作者时常抱怨它们糟蹋了橡树，园丁为了保护苹果树也不得不提防着这些虫子。天幕枯叶蛾的幼虫以各种树的叶子为食，例如橡树、榆树、桦树、柳树、赤杨、稠李、花楸、苹果树、梨树以及樱桃树的叶子。此外，它也吃山楂、覆盆子、黑莓，但对椴树和白蜡树的叶子却不感兴趣。

在莫斯科也能看到这种蛾子。

多年前，我在莫斯科的某个花园里发现了一只天幕枯叶蛾。现在这个花园已经没有了，取而代之的是地铁站出入口。不过在此之前，那里长着十多棵半野生的苹果树，树上生活着天幕枯叶蛾、冬尺蠖、苹果花象、小天牛等虫子。

蛾类昆虫多以卵、毛毛虫、蛹以及成虫的形态越冬，天幕枯叶蛾即以卵的形态越冬。很多人都认识这种蛾，但大多数人即便见到了它，却还是不清楚那到底是什么东西。

比起在夏末的树叶之间，这些虫卵在秋冬时节光秃秃的树枝上更易被人发现。但我们仍然需要仔细观察才行，因为由一大圈灰色小点组成的虫卵环并不是那么引人注目。

天幕枯叶蛾沿着树冠的边缘爬行，在细细的枝条上产卵。这些虫卵一排一排均匀地环绕着树枝。在这种卵环中一般都藏有好几百粒虫卵。

有些地方的人把这种卵环称为"杜鹃泪"。

为什么非得是杜鹃呢？

杜鹃的习性不同于我们生活中的其他鸟类——它们不筑巢，也不抚育自己的雏鸟，它们的孩子都是被遗弃的孤儿。可以说是一种四海为家的鸟儿！

不少谚语和俗语对杜鹃的习性都有所描述，在许多古老的歌谣中也都提到了这种鸟。不管在哪儿，杜鹃总是闷闷不乐，时常悲鸣，有叫"杜鹃泪"的花，还有叫"杜鹃泪"的草，而天幕枯叶蛾的卵环也被叫作"杜鹃泪"。杜鹃总是在忧郁地鸣叫，在我们听来，它的叫声难称欢快，但发出声音的既不是"母亲"，也非"凄凉的寡妇"，而是雄杜鹃。雌杜鹃则会发出类似"克哩克哩"的啼叫，可其中并无忧郁之情，亦不似低沉的呼喊。

整个冬天，虫卵环都待在树枝上。到了春天，当苹果树的花芽即将开放时，毛毛虫就会从卵里钻出来。它们在秋天就开始发育了，但仍然选择留在卵中越冬。

如果在冬天用一根细针小心挑开天幕毛虫卵的硬壳，你会

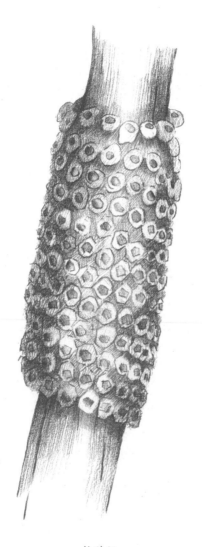

杜鹃泪

看到一只极小的黑色幼虫。大家可以在冬天折一根带有虫卵的树枝回家，在温暖的室内，幼虫很快就能被孵化出来，我们还可以用苹果皮喂养它们。

幼虫不会四处乱爬，它们喜欢聚集在一起。这些小家伙在细枝杈之间给自己织了一个像蜘蛛网那样的窝。白天，它们待在网上面，似乎在享受日光浴；天气不好时，它们就都爬回窝里；临近傍晚，虫子又会爬到旁边的树枝上觅食。

它们啃食正在发育中的嫩芽和花蕾，等过阵子就开始吃花朵和嫩叶了。

蜕皮后的幼虫会寻找更粗壮的树枝，并在树杈之间重新做窝。

它们只有在幼年时才是黑色的。随着时间的推移，它们的颜色也在不断地变化。幼虫先会渐变成蓝灰色或蓝色，身上也开始出现鲜艳的纵向条纹，具体来说，是一条顺着背部延伸的黑边白色条纹，条纹的两边和身体的两侧都分布着橙红色的条纹。此外，在幼虫的每节体环上都长有两簇黑色的绒毛。这毛毛虫还真是漂亮！

幼虫在进食时往往倾巢出动，而且在爬过的地方还会留下持久的痕迹——一种丝状的线条。单只幼虫留下的痕迹并不明显，因为它吐出的只是一条极细的丝线，通常很难引起人们的注意。然而，此时正在树枝上爬行的幼虫远不止一只。

当每只幼虫都吐丝时，我们看到的就不再是一条"小路"，而是一整条的蛛网状的"大道"，幼虫就是顺着这条路回窝的。

不妨带一只幼虫回家，然后再随便找根树枝让虫子趴在上面。接着，它就会开始爬行并吐丝。这时，我们可以用放大镜进行观察。

通过察看幼虫的头和嘴，我们可以发现，丝是从幼虫的"下巴"里拖出来的。随着幼虫不停地向前爬，丝越拉越长……实际上，这条丝是从特殊的腺体中分泌出来的，具体位置就在下唇的凸起处，只不过它的下唇把幼虫的嘴巴给遮住了。

这种蛛网丝路的存在非常重要，因为它给幼虫指明了家的方向。倘若没有这条路，幼虫就找不到窝，毕竟它们外出时离窝都挺远，即便窝就在附近，要是不跟着丝路，也回不了家。

幼虫都是"近视眼"，甚至可以说"只能看到自己的鼻尖"。

想知道丝路消失后会发生什么吗？

要做这样的实验并不需要什么特殊技能，而且设备也很简单，只需准备一把硬毛刷子（最好是钢丝刷）即可。没必要非得在家或饲养箱里做实验，也不用费劲去折树枝，因为丝路太短了，在这上面花过多时间意义不大。我们尽可以去花园的树上看看丝路消失后会发生什么，对了，那里的丝路可不窄，而是一整条通衢大道。

接近成熟的幼虫会选择在更加粗壮的树杈之间织窝。虽然那些较粗的树枝距树干不远，但从那儿爬到树叶所在的位置却不近，而这些因素对实验本身而言则是很有利的条件。因为幼虫啃食的树叶离巢穴越远，丝路就越长；丝路越长，实验也就越有趣。

看，这就是幼虫的窝，还挺大，一只手都遮不住。虫子都待在窝的表面，大概有几百只。丝路从窝一直延伸到树枝，这是一条铺满了细丝的宽阔大道，幼虫就在这条路上来回穿梭……

时间尚早，可以暂时在树旁等等，离开一会儿也行。幼虫进食可不是半小时或一小时就能完成的事。

现在看不到幼虫，因为它们都顺着树枝爬走了。幼虫先是沿着大路、粗树枝爬行，然后沿着小路和较细的树枝前行，接着又沿着更细的小道和树枝爬到了树叶上面。

现在可以把丝织的窝捣毁了。用刷子仔细清理幼虫筑窝的树杈，再认真清除树枝上的痕迹，确保上面不留任何丝路。别舍不得用你的双手和毛刷，只管使劲儿，刷得越干净越好。

如果以窝作为起点，那是不是就要清理掉很长一段丝路呢？没错，能刷掉多少就刷掉多少。要是犯懒，只要把通往最近树杈的丝路清除干净就行。

时间到了，饱餐过后的幼虫该回窝了。它们爬到了丝路消失的地方，前面几只先停了下来，抬起头并转来转去。它们看上去就像一群找不到记号的小狗。后面的同伴此刻已爬到了前面几只身上，场面顿时乱作一团。

它们滞留的地点离树干的杈丫不远，终于，幼虫勉强爬回了出发地，但还是找不到自己的窝。

这种幼虫吐出的丝非常细，如果不用放大镜观察，人们很难注意到一条单独存在于树皮上的丝线。由于在幼虫织窝的树皮上覆盖着许多极细的丝，所以最好是用刷子仔仔细细地清理树皮上所有的树节及裂隙。如果能把窝都彻底清理干净，那就更没问题了。可要是仍有些许丝网残留下来了，又该怎么办呢？

幼虫要是在曾经筑窝的地方爬行，就定能碰到残存的细丝。丝状小路和大路的残痕其实也没什么区别，幼虫要找的是自己的"脚印"，一旦找到了，小虫们就都会朝这里进发，那些难以被人类肉眼辨认的残存丝路已为它们指明了回家的路。

要知道，这些幼虫不只是在爬行，它们还在拉丝。当幼虫在树杈上穿梭往来时，细丝也在树枝上一层层铺开。随着丝线越积越多，丝路本身的附着力也在不断增强。

终于，幼虫重新爬回了老地方织窝。

不过，每次的情况也不尽相同。有时，幼虫会直接穿过失踪的旧窝，然后继续爬向更远的地方。饱餐后的虫子不大愿意长途跋涉，它们会在半道上随便找个地方安营扎寨，重新织窝。

有时，幼虫也会四散而逃，但这种情况通常发生在成熟的天幕毛虫身上，因为它们在化蛹之前就已失去了群居的本能。

在天气糟糕的时候，幼虫闭门不出。那如果遇到连续的恶劣天气该怎么办呢？幼虫要长时间挨饿吗？在天气不佳的情况下，饥饿会迫使幼虫外出觅食吗？

在晴朗的日子里，幼虫白天会爬到窝外遛弯儿。清早天凉的时候，它们就躲在丝织的天幕里，下雨天亦是如此。

如果在幼虫晒太阳的时候朝它们喷水，它们会有何反应？

色彩夺目的天幕毛虫在生活中从不遮遮掩掩，从大老远的地方就能看到它们成堆地聚集在暗色的树皮上。这就好比把食物盛在盘子里，然后对着鸟儿说："来吃吧。"不过，小鸟并不太喜欢以这些毛毛虫果腹。

有心的人一下子就能猜透其中的秘密。大摇大摆、色彩鲜艳，以上这些都意味着眼前的虫子绝非美味佳肴。幼虫这是在用色彩向外界发出警告："不要碰我！"

幼虫长得越大，胃口也就越好。它会把叶子啃得只剩下叶柄和粗大的叶脉。过了大约一个半月，幼虫完成了第五次蜕皮，也是最后一次，然后，它就成熟了。

幼虫纷纷离巢而去，窝也逐渐变空。每只虫子都"各奔前程"，寻找化蛹的地方去了。许多幼虫离开了它们原先的家园树，转而爬上了临近的树干；有些则爬行很远，直至找到合适的场地。

可算找到新地方了！天幕毛虫要么选单独的一片大叶子，要么就选几片小叶子，它会用丝线把叶子的两边束在一起，并在叶子中间织一个双层的茧——外层稀疏透光，内层则紧密结实。天幕毛虫日后就在这种茧里化蛹。

一周半至两周后，蛾子就出现了。在莫斯科的郊外，通常七月就能见到它们，但是是在月初还是月中，具体要看天幕枯叶蛾是在春天还是夏天化蛹。

天幕枯叶蛾不能说非常漂亮，个头儿也不大，翅展只有三至四厘米。全身呈淡棕黄色，前翅上有两条横向的深色条纹。雄蛾明显要比雌蛾小，触角也呈梳状。

现在可以把一只刚出蛹的雌蛾放进饲养箱或一个带有纱布顶盖的盒子，再或者放入一个用纱布扎住瓶口的玻璃罐子，要么就干脆放在一个纱布袋里。等到晚上把它拿到桌上，然后把窗户打开，看看会发生什么。

我还真这样操作过。花园里有几窝天幕毛虫，我顺手就抓了几只。为了不惊扰它们，挑的那几只都是快化蛹的幼虫。

通常情况，雄蛾会比雌蛾早一两天破蛹。

我的眼睛一直盯着这些蛹，生怕错过它们羽化的时刻。每天我都要看一看装有虫茧的罐子。

雄蛾已经开始羽化，我便把它们带到花园里放生了。

第一只雌蛾也破茧而出了。我把它移到饲养箱里。晚上我打开窗户，很快，很多雄蛾就飞进了屋子里。它们不用飞很远，从窗户到饲养箱总共才二十来步的距离。它们成群结队地在饲养箱附近盘旋，有的落在上面，有的在桌面上爬行，还有些在来来回回地飞……

我挺讨厌这种乱哄哄的场面的，就把饲养箱搬去了一个较远的角落。雄蛾也紧跟着飞了过去……

现在，整间屋子里都是雄蛾在飞舞。

我剪掉了几只雄蛾的触角——有的两只触角都被剪得干干

净净，有的只剪去了一只，还有些仅剪了半只。我注意到，没有触角的雄蛾不再急着飞走，而是在桌上爬行。我一吓它们，雄蛾就纷纷逃到了墙上。紧接着，我再次吓唬它们，蛾子又都飞到了壁橱上。

我独自思忖着，现在该怎么办呢？与此同时，我用手碰了碰那只雄蛾，然后小心翼翼地将它放到手掌上。蛾子抖动着翅膀，紧紧地钩着我手上的皮肤。

我走到窗边，把手掌侧过来，顿了顿，蛾子顺势掉到了窗台上，又开始沿着窗台爬行，等爬到窗边时就飞走了。

后来，我就再也没有见过它。

那些只剩一根触角以及被剪去半根触角的雄蛾则表现得同往常一样，依旧朝饲养箱飞去，之后落在上面，到处爬行。

昆虫的嗅觉器官一般都长在它们的触角上。一些雄蛾的嗅觉特别发达，它们从数百步外就能够闻到雌蛾的气味。这些雄蛾的触角呈羽状或梳状，因此它的表面积比普通的触角要大得多。

我把雄蛾的触角剪断，意味着破坏了它们的嗅觉器官，蛾子也就失去了感知气味的能力。而雄蛾就是通过气味才可以从很远的地方发现雌蛾，在相遇之时认出对方。

天幕枯叶蛾一旦不再进食，也就活不了多久了。如果将一只雌蛾和一只雄蛾同时放入饲养箱，同时还在里面摆上一根苹果树枝或其他种类的树枝，那么雌蛾就会在树枝上产下一圈圈环状的卵。

关于天幕枯叶蛾环状卵的故事，讲到这里本可结束，可我想说的是，为了培育幼虫，我曾在秋天收集了一些卵环，但其中却有一些封闭的卵粒。按常理，幼虫早该长大了，即将开始化蛹，然而却有不少虫卵依然完好无损。

我剖开了几粒完好无损的卵，发现里面是一些死了的幼虫，还有一些是空的，估计是由于某种原因，胚胎没有发育。此外，还有一些里面躺着一个很小的虫蛹。

这是赤眼蜂的蛹，它是一种小型膜翅目昆虫。仲夏过后，雌赤眼蜂会将卵产在天幕枯叶蛾的卵中，而蜂的幼虫便会以蛾子的虫卵为食。

每只雌赤眼蜂可以破坏掉数十粒天幕枯叶蛾的卵，所以说它们是益虫，因为天幕毛虫会伤害树木。

讲到这里，大家是不是也想阻止天幕毛虫继续伤害苹果树呢？那咱们就好好跟它斗一斗。具体要做的事也不难，环状卵、毛毛虫窝，这些东西都是天幕毛虫的软肋。我们可以把带有环状卵的树枝剪下来烧掉，也可以把幼虫从窝里抓出来消灭。清理一个小花园里的幼虫花不了你几个钟头。

还需要给各位提个醒，千万别徒手去捉天幕毛虫，因为它们身上的毛会蜇伤你的皮肤。

越冬的巢

时值冬日，暴雪来袭。狂风压弯大树，摧折枯枝。此时的树上哪里还会有什么叶子？可如今冬天的树枝上还真有叶子挂在那儿！

你看，苹果树上有几片皱巴巴的棕色叶子，在枝头晃来晃去。大风呼呼吹，可始终都没法把它们从树枝上扯下来。

风婆婆一定很生气，她使劲儿地吹，把树叶都甩到了树枝上方。可就算这样，叶子仍未掉落。这些树叶一直都牢牢地挂在树上，像是被缝住了一般。

叶柄早已从树枝上脱落，可叶子还挂在上面。这是怎么回事呢？

或许是挂在蜘蛛网上了。难不成还有其他东西能把它们拴在树枝上，任由叶子向四面八方乱飞吗？

我们有必要对这种猜想进行验证——可以直接爬到树上，也可以借助长杆从树枝上取叶子。我找来了一根杆子，然后将一根钉子斜插进杆子的顶端，钩树叶的工具就这样做好了。

不骗大家，那些"叶子"的确挂在如同蛛网一样的东西上。瞧，这里有一条由蛛丝状物质扭成的粗线。卷曲的干叶子两边被细线紧紧地缠绕着，丝线本身也是彼此相连的。

是什么虫子住在这儿？或许，两片卷叶之间是空的？或许，这地方压根儿不是虫子过冬的宅子，只是一座废弃的避暑小屋？

叶子干燥易碎，要想展开可不容易，一不小心就弄碎了。

里面原来是些丝网和许多很小的白色虫茧。

如果想弄清那些虫茧里到底有什么东西，没必要非得站在园子中吹冷风。我们可以把这些小东西带回家，用大头针小心地挑开。这时，就能看到里面有一条很小的幼虫，另一个茧里的情况亦是如此，第三、第四个虫茧中也一样……

现在算是明白了卷叶里的秘密。这里竟然是幼虫越冬的巢。但它们会是哪种昆虫的宝宝呢？

夏天的花园里，总有不少白色大蝴蝶在飞舞。它们的翅膀上既没斑点，也无条纹，但透过覆盖在上头的薄粉层可以看到清晰的翅脉。不得不说，这些蝴蝶看起来并不是那么娇艳，因为翅膀上的暗色翅脉过于明显了。这种蝴蝶名叫山楂粉蝶。

山楂粉蝶平日里落在花上是为了吸食花蜜，但它们也会到树叶上、草地上休息。要是它们落到苹果树、梨树和花楸树上，那就是为了完成一项重要的工作——产卵。它们产下的每堆卵都至少有五十粒或者更多。

对那些刚从卵中孵化出的幼虫而言，四周的叶子既是安身之所，也是自己的食物来源。

幼虫吐出细丝，将两片相邻叶子的边缘缠在了一块儿，而且还用丝把这些叶子紧紧地粘在了树枝上。每只幼虫吐出的丝线细到只能勉强看见，但由于幼虫数量众多，几十根细丝绕在一起就变成了一条结实的长线。有了这样的线，叶子就可以牢牢地挂在树枝上了。

幼虫还用丝织出了一床"小被子"。它们一来到世界上就把被子织好了，然后才开始安心进食。在没有丝织铺盖的情况下，幼虫是不会吃东西的，就因为少了头上的遮挡物。它们主要以苹果叶为食，而且一日三餐吃的都一样。

于幼虫而言，食物就在嘴边，要做的就是低头开口吃。幼虫藏在被子下，一边嚼着叶子上柔嫩的部分，一边到处爬行吐丝。叶子逐渐变干、变薄了，慢慢卷了起来，可虫子织的被子却越来越厚，变得更加暖和了。

它们这么做或许是知道冬天快来了吧！不，虫子什么都不明白。这些幼虫只是一个劲儿地吐丝，不停地织被子。这就是它们的天性，是一种挺好的习惯。

日子一天天过去了，幼虫还在边吃边吐丝……

到了八月，幼虫便不再进食。它们赖以为生的两片叶子变得皱巴巴的，蜷缩在一起，最终形成一个紧紧地粘在树枝上的、由被蛛网状丝线缠在一块儿的小口袋。袋子里头似乎有一层像被子一般的衬垫，幼虫就住在被子和叶子之间。

幼虫停止进食后就从被子底下爬了出来，开始在巢里吐丝做茧，每颗茧里都住着一只小小的山楂粉蝶幼虫。

"腥风血雨"制造者

越冬的巢真是舒服，里面既温馨，又柔软！虫茧就待在这种树叶做的袋子中，里面有暖和的衬垫和丝织的被子。整个秋冬时节，树枝上始终都挂着一栋树叶做的小屋子，山楂粉蝶的幼虫就躺在这里酣眠。

春天来了，苹果树正在发芽，苏醒的幼虫钻出了小茧房，爬出了越冬的巢。

由于整个冬天都没吃东西，饥肠辘辘的小家伙此时开始啃食嫩芽，一下子就吃掉了几十片尚未长成的树叶。等树上的嫩叶长出后，幼虫又会继续吃嫩叶。叶子越长越大，幼虫也跟着长大，成熟的幼虫则专吃大叶子。

夏初，树上的幼虫开始化蛹。再过两周，园子里就会出现白色山楂粉蝶的身影。

起初，当这种蝴蝶数量偏少时，我们是注意不到它们的，但如果幼虫较多的话，那肯定就能看见。那时，不仅会有成百上千只大白山楂粉蝶在花园里飞舞，而且还会出现另一番景象。在羽化时，这种蝴蝶会分泌出血红色的液体，在数量足够多的情况下，它们所待的那棵树看上去就像溅满了血一样。下雨时，树上还会淌下"血滴"。

这真是一幅"腥风血雨"的画面！

迷信之人认为这种"雨"是上天降下的警告，预示着各种可怕的灾祸。

那些惊恐的人们并未注意到，这样的"血雨"只在一些树下才会出现。站在苹果树下可以遇见"血滴"，但要是从树下走入雨中，那就什么都没有，天上下的就是单纯的雨水，哪来的"血滴"。再打个比方，在枞树下避雨，枝条上流下的是透明的雨水；若是来到苹果树下，那树上还真就会滴"血"。

冬天，树枝上飘荡着干树叶做成的口袋，幼虫就住在这里。可光靠一床丝织的被子和茧房就能抵御严寒吗？

但事实正如你我所见，它们的确可以防寒，且验证起来也不难。我们可以先找一个山楂粉蝶越冬的巢穴，然后把虫茧取出。现在，还需将一些完整的虫茧置于低温环境中，同时再把另一些虫茧小心剖开，取出里面的幼虫，然后让它们也"赤身裸体"地躺到寒冷的室外。记住，一定要将一组样品放在有阳光的地方（营造出类似树枝上的那种环境：光照充足，四周明亮），另一组搁置在阴凉处。

接下来就可以观察了。对了，在整个过程中都要谨防山雀和其他鸟类给虫茧及幼虫造成伤害，还要提防麻雀和老鼠。

山楂粉蝶是害虫。如果春天园子里这种蝴蝶的幼虫一旦多了，那当年苹果的产量准高不了。"腥风血雨"有时的确可以"预言坏事"，因为你别想从这样的树上摘下多少苹果。

那我们该怎么应对呢？要如何拯救这些果树呢？

秋天，草木凋零，但越冬的巢穴依然高悬，在光秃秃的树枝上格外显眼。整个山楂粉蝶幼虫的家族都栖息在这些"家"中。把它们从树上摘下并烧掉，绝不是什么难事。因为没有了"家"，山楂粉蝶的幼虫日后就不会在园子里出现了。

整个冬天，虫子的巢穴都吊在树枝上，但切记不要因此自欺欺人，认为"春天尚远，时间充足"。千万别拖延，因为大风能把巢穴撕裂并抛向地面，从里面爬出的幼虫会在雪地里过冬，等春天来了再重新上树。一旦它们中间有少数漏网之鱼，那么这些小东西必定就要溜进园子里捣乱。

要想除去树上的冬巢，准备一根顶端带有钢丝刷或球形铁丝的长杆就行。我们需从下面钩住虫巢，再稍微拉一下，那玩意儿自然就会掉落。此时，还得小心接住，别让它掉在地上，一定要把从树上掉下的东西都捡起来。

秋冬时节，成群的山雀在花园里飞来飞去。鸟儿们饿坏了，把每棵树都"扫荡"了一遍。它们可不会错过那些越冬的巢，一通翻搅过后，从里面拽出了包裹着幼虫的茧房。但我们不能光靠山雀，自己坐享其成。要知道，山雀不一定如期而至，即便真的飞来了，也未必就会在园子里逗留。因为山雀在翻啄虫巢的时候，会把一些虫茧甩到地上或雪上，所以直接把虫巢烧掉才是更保险的手段。

春末，山楂粉蝶的幼虫们已分道扬镳，开始各过各的日子，只待蜕皮时才重新在枝杈上聚集。它们身上有很多细毛，其上还分布着红色或接近橙色的纵向条纹。

鸟类不愿攻击这些极易发现的幼虫，因为鲜艳的颜色好似一种警告，表明这都是些难以下咽的食物。

被丝制腰带缠在树枝、树干上的山楂粉蝶虫蛹十分显眼。有时，一些毛毛虫在化蛹前会碰巧聚在一起，结果就形成了一个蛹堆，从大老远的地方都能瞧见。然而，鸟儿却不怎么待见这些虫蛹，因为那种浅色基底上点缀着亮黑及橙色斑点的样子本身就自带危险意味。

不过，如果从一棵树的不同地方采集虫蛹进行观察的话，那很容易就能发现虫蛹的基底色其实不尽相同——有亮的，有暗的，有的发灰，有的泛白，还有的偏绿，它们的表皮颜色完全取决于幼虫化蛹的位置。

如果幼虫在树枝上化蛹，它的颜色就会是浅灰色；在绿色的嫩枝、叶柄上化蛹，那蛹的底色就是浅黄或浅绿。

我们还可以再去抓些成熟的山楂粉蝶幼虫，让它们在红、蓝、黑、白、绿、条纹之类的背景下化蛹，看看蛹后来会变成什么颜色。

有时，我们能看到两三片被丝线缠在一起的叶子在树上飘着，且在树枝末端或细枝上甚至有一整团叶子都与丝网缠在一起。

这其实是黄毒蛾幼虫的越冬之巢。

黄毒蛾是一种白色的飞蛾。它们身上长满了茸毛，腹部末端还有一撮发亮的金色细毛，且雄蛾的触角也呈羽状。根据腹部末端有一簇金色或红色绒毛这一点，很容易将黄毒蛾同与之类似的柳毒蛾区分开。柳毒蛾也是一种白色的飞蛾，仲夏时节会在柳树和杨树附近活动，即使在大城市也是如此。

黄毒蛾幼虫与山楂粉蝶幼虫的越冬之巢在内部结构上略有不同。前者的巢穴由六片甚至七八片叶子组成，且都被丝网紧紧地包裹在一起。它们的巢内有许多丝做的"小隔间"，幼虫就住在里面。黄毒蛾的幼虫不结茧，它们在巢内就像在集体宿舍里一样，每间寝室中都住着不少虫子。

一个这样的巢穴通常能容下三百只幼虫。

在生活方式上，黄毒蛾和山楂粉蝶的幼虫倒是相仿。它们都会在春天爬出越冬之巢，先是啃食嫩芽，然后再品尝树叶。

不是所有的鸟类都会捕食黄毒蛾的幼虫。因为在它们暗色身体的两侧长着两排白色斑点和两排红色的小疣，每只疣上还长有毛簇，且在尾部还有两个橙色的大斑。这可不是普通的斑点，当幼虫受到惊吓或刺激时，两个斑点就会随之鼓起，变成肉质的结节，上面还分布着能喷射毒液的腺孔。一旦毒液沾到了细毛上，幼虫的毛也就变得有毒了。如果这时直接用手去碰它们，皮肤就会红肿痛痒。事实上，别说用手捉，哪怕只碰一下它们越冬的巢，手指都会红肿胀痛。

难不成还真有小鸟喜欢这道菜？是的，有些鸟儿也会捕食长毛的幼虫。山雀就会去啄它们越冬的巢穴，杜鹃更是来者不拒，各种毛毛虫都吃。

成熟的黄毒蛾幼虫会在卷起的叶片之间织茧，因此，它们能破坏很多阔叶乔木。这种飞蛾对果园、公园和幼林都会造成伤害。

要想阻止这些家伙糟蹋园子也不难，把它们越冬的巢穴彻底捣毁即可。

卷叶象

林子边上立着几棵孤零零的白桦，像是受惊后刚从树林里死里逃生，突然间又止步不前了。

一些小甲虫常年生活在这些白桦上，而且还以一种奇特的方式向外界宣示着自己的存在，至于虫子本身，由于个头儿太小，人们几乎无法察觉。

在寻常的白桦树叶中偶尔能看到几片卷成筒状的叶子，但叶面并没有全都卷起来，靠近叶柄的地方仍是舒展开的，从两侧看上去就像一对奇怪的小翅膀。

或许"小筒"一词用在这里不大合适。因为这些卷起的叶片更像是被拉得很长的漏斗，越往上越窄，越往下越宽。

这个漏斗还可以打开。它的精妙之处在于，叶子并没有被什么东西粘连或缝住，但两端却紧紧地挨在一起。而且这里没有任何外力的作用，小筒好像是自己卷成这种形状的。我只说是"好像"……待会儿做个实验就晓得是否真的如此。

我们把叶片展开，可以看到两个曲线形的切口。它们朝着中间——也就是主叶脉的方向弯曲。其中一个切口看起来就像被拽得过长的拉丁字母"S"，另一个则呈现出不规则的曲线形。叶片就沿着这些切口向下卷成筒状。

眼前就有一只把叶子卷成漏斗的小甲虫，它的同类也都生活在白桦上。这是一种亮黑色的小甲虫，只比火柴头稍大些。虫子头上长了一个前突的长喙，根据这个特征，我们立马就知道，这是一只象虫。

这种小甲虫通常被叫为桦卷叶象或黑卷叶象。"桦"表示它们经常出现在桦树上，"黑"表示它们一般呈黑色，"卷叶"表示它们会把叶子卷成筒状。当然，它们也不排斥桤木，有时也会待在橡树、榛树、稠李、椴树和杨树上。我不清楚甲虫在这些树上是如何活动的，因为之前只在桦树上观察过它们。

其他观察者也曾记录过甲虫在桦树上的生活。现在我们眼前有一项诱人的任务：观察桦树卷叶象如何在榛树或橡树上切割叶片，并将其卷成"漏斗"。

那就来试试吧！

但凡觉察到了异样，卷叶象立刻就会缩起腿，然后从叶子上掉下去，这是它们的自救手段，更确切地说，只要出现任何风吹草动，虫子都会溜之大吉，哪怕只是闪过个影子，它们都会慌不择路地往下掉。这种小甲虫非常胆小，所以要想好好观察它们的活动还是挺难的。我们必须将脸贴得非常近，要达到鼻尖几乎可以碰到叶子的程度，然后一动不动地站着。这可不是站五分钟或十分钟的事，而是需要长时间地杵在那儿。假如不小心微动了一下，那就前功尽弃了，卷叶象立马就会从叶

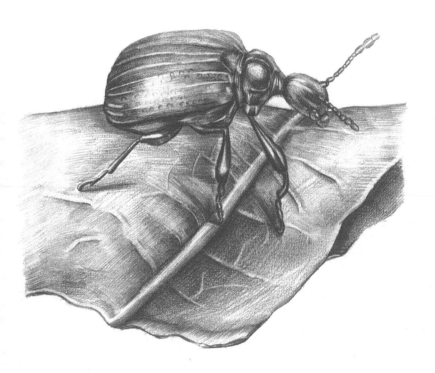

卷叶大王

子上掉下去。而且它掉下去后，就再也不会返回原来的叶子上面，我们只能重新开始观察。看吧，这会儿虫子又从叶子上掉下去了……所以说，我们在观察卷叶象时就如同在一所优秀的"耐力学院"里训练。

不过，这种挫败感也只是在刚开始才有。等经过几天的折磨后，大家自然就懂得如何跟卷叶象打交道。那时再观察它们就是轻而易举的事了，话虽如此，可我们还是一秒钟都不可掉以轻心。

其实还有更简单的操作，抓几只卷叶象带回家，放在饲养笼里就行。只要坐在桌边即可对它们进行观察。卷叶象这种漏斗制造者脾气不小，和它共处一室少不了折腾。

但需注意的是，不是每片叶子都可以做成叶筒。有时我们也搞不清为什么甲虫不选这片，却非要另一片，毕竟这两片叶子看起来也没什么区别，都挺漂亮，甚至都长在同一根树枝上，可虫子终究还是有所取舍……卷叶象绝对有一套自己的甄选标准，似乎还挺严格，它们可不是一见叶子就立马下手的角色。

如果发现一棵桦树上有不少卷叶象在活动，那可以在树旁静静地站上几个小时，这样就能从头到尾地观察到它们的行动细节。我们或许没法一直跟踪某只特定的小甲虫，不过没关系，因为它们的工作方式都差不多。我来到了一棵白桦的旁边，站在离树叶非常近的位置。一只卷叶象正在树叶上爬行，它先在叶子正面兜了一圈，然后又跑到了背面。这家伙可不是在随便乱爬，因为从它走过的轨迹可以看出，虫子一直都在遵循着特殊的规则，但起初我并未察觉。甲虫最后淘汰了这片叶子，接着又爬上了另一片。直到这时我才意识到，它在这两片叶子上的爬行方式完全相同。

叶子选好了。甲虫便朝叶子的上端爬去，最后来到了边缘。它开始啃咬树叶，但我只看到了这最开头的一幕。

我一动不动地站着，静到连一只路过的燕雀都没能立刻发现。它估计是从林边飞来的，因为我是背对林子而站，但鸟却是从我身后飞出的。这只燕雀没有落在树上，而是在飞行过程中猛然转弯，朝另一个方向飞走了。我刚好就在那个时刻看到了这位不速之客，但卷叶象也注意到了它，要么是受到了鸟影的惊扰，要么就是被鸟飞掠时产生的气流给刮到了，具体是何原因谁也说不好。燕雀倒是一走了之了，无奈，卷叶象也跟着从叶子上掉了下去。

当然，过了五至十分钟后，小甲虫又重新爬上了桦树。它先休憩了片刻，接着又爬了一会儿，然后飞了起来。不过，这只虫子却并未爬向原来那片树叶，因为它自己也找不着了，或许压根儿也不想去找。因此，我们需要另找一组树叶和卷叶象继续观察……

在绿色的叶子上寻找几只黑色的甲虫并不困难，特别是在你习惯了这种观察方式之后。我在同一时间注意到了好几只卷叶象，所以可以挑上一挑。正如所料，虫子都已经开始啃食叶子了，每只甲虫都在自己的叶片上留下了切口，有短、有长。

由于之前已看到过它们最初的工作状态，所以今天就先进行到这儿，明天再观察切割的成果。我选中了一只最好观察的甲虫，因为它所处的位置恰好与我的视线齐平。

那只经我遴选出的卷叶象已经快咬到叶子中间的地方了。它的腿几乎不怎么挪动，但长喙却一刻都不曾离开过叶子。这只甲虫行动迟缓，即便我一直盯着它看，也似乎察觉不出它在爬行。可要是把目光转移十来分钟后，再一看就会发现，甲虫此时已向前稍稍行进了一些。

叶子表面除了叶脉之外，再没有任何标记。但甲虫活动时，却好像前面早已铺好了一条康庄大道。

卷叶象长喙的末端是它的颚，甲虫正是凭借这种像小剪刀一样的工具才能顺利切割树叶。但就算视力极佳的人也难以看清甲虫的颚究竟是如何工作的，因为虫子的颚实在是太小了。不过有一点倒是很明显，叶子上的切口正变得越来越长。

就这样，卷叶象把切口一直推进到了叶子的主脉。

这是第一条切口，长而弯曲，形状像一个被拉长且写得不规则的字母"S"。

现在，甲虫已不再啃食树叶，而是转身朝叶茎的方向进发。它沿着主叶脉慢悠悠地爬行，并不忘在身后的叶肉上留下一道好似划痕或沟槽的标记。随后，甲虫又在主叶脉上切了一个小口，接着就从这里向另一半叶子的边缘爬去。

这时，虫子再次开始割咬叶子，但这回的切口看起来有所不同，这是一条不规则的曲线。

切割工作完成后，卷叶象优哉游哉地朝主叶脉爬去。它一边向前爬，一边用前腿摸索着切口的边缘。看着这一场景，我在想："它是在检验自己的工作吧。"

切口做好后，卷叶象着手卷起了树叶。

甲虫爬到了第一个切口的边缘。它用一侧的跗节抓住树叶的边缘，另一侧则牢牢抓住了叶子本身，然后用力把叶子的边缘朝自己的方向拉扯，叶子随之发生形变，开始向甲虫这边弯曲，最后就出现了一个小卷筒。

如果树叶是完全新鲜的，甲虫就无法应付，因为此时叶子的弹性实在太强。可正因如此，甲虫才在上头开了许多切口，不少地方的小叶脉都被咬断了，连主叶脉也被咬出了一个豁口。后来，叶子因缺少水分的给养而变得枯萎，尽管这一点在短时间内很难察觉，但叶子的弹性已大不如前。

小甲虫顺势将叶子的边缘一次又一次地往自己这边拽。同时，它还在叶面上不停地爬行，于是小卷筒也在逐渐变大。

这项工作既费时，又费力，但如果交给你来做的话，卷起一半叶子得多久呢？可以对比一下甲虫本身以及被它卷成筒状的半片叶子的面积，如果站在虫子的角度看，这就如同你卷起了一块一百二十五至一百四十平方米的油毡。此外，还需考虑到另一个很容易就被我们忽视的重要条件：甲虫挂在树叶上干活儿时，身体始终都处在垂直的状态，这与在水平面上的工作完全是两码事。

头半片叶子卷好了，甲虫造出了一个又长又窄的、末端开口仍宽大的漏斗。

现在，卷叶象已经爬上了另半片叶子。它拉起叶子的边缘，然后裹在了之前做好的漏斗外面。这样一来就形成了一个多重外壳的漏斗，看上去极富层次感。

待完成了折叠叶筒的工作，甲虫就爬进了漏斗里。我很清楚它要在那里做什么——产卵。

然而，事情尚未彻底结束。卷叶象再次爬上叶筒，拽起树叶的边缘，想把漏斗收得更紧一些。此外，甲虫还用颚将最外层尖尖的叶舌和树叶的下半部分咬在了一起。这样，漏斗就像被一根看不见的针给缝住了，而且还缝合得非常扎实，一般是不会崩开的。随着时间的推移，叶子愈发干枯，弹性也越来越小。任务到现在可算完成了！甲虫终于能好好休息上一阵子，而等它养足精神后，又会继续寻觅新的树叶，开新的切口，制造新的叶筒……

既然聊完了卷叶象的成虫，那我们再来说说它们的幼虫。

已经成形的漏斗高悬在树上，被虫子啃食过的主叶脉的纤维吊着。可这种状态并不稳定，因为那东西没多久就断了，小叶筒也摔在了地上。幼虫从卵中孵出来后，就一直住在落到地上的小叶筒里，在这种情况下，它们还会在蔫萎的叶肉中掘出一条外出的通道。在化蛹之前，幼虫就选择离开宅子，钻入土里待着。

如大家所见，幼虫的故事很简单。这样一来，虫妈妈之前的辛勤操劳反而显得有些奇怪，因为母亲忙前忙后地折腾，到头来竟只是为了孩子能在枯树叶上啃出一条曲折的通道。

单纯的观察工作总是比较乏味，所以我一直都在琢磨以某种方式参与一下虫子的活动。在观察昆虫或其他动物时，即便对方只展示了一些最简单的动作，大家或许都会止不住地想干扰一下，并期待发生点什么。然而这种"如果式"的假设中恰恰隐藏着许多的可能，绝非想当然。

那究竟该怎么做呢？我们当然不能随心所欲，相反还应深思熟虑，必须要有明确的目的。只有这样，这个"如果"才会成为一场科学实验的开始，而不是胡闹。

对卷叶象的研究亦是如此。我有很多关于"如果"的想法，也做了不少实验。但我不打算把每场实验都给大家讲一遍，只是举几个例子而已，希望可以帮助各位更好地理解卷叶象的行为方式。

我很好奇，小叶筒上的两道开口非得照着甲虫的办法来切割吗？

为了找到答案，我特意从树上摘下了一只刚刚卷好的漏斗，然后仔细地将它展开、铺平。接着，我从一堆桦树叶中挑了一片与之一模一样的参照物。我把有切口的桦树叶摊放在这片选好的叶子上，再按既有样式，用剪刀给后者裁出了两条类似的切口。

我试着把这片树叶卷成一个漏斗。由于之前观察了不少甲虫的工作，所以我也能依葫芦画瓢地做一个。我捏起树叶的边缘，朝自己这边拉。叶子的确被拽了过来，可并未出现漏斗的外形，这意味着我的尝试失败了。

随后，我用手指把叶子卷了起来，这次倒是成功了，但问题是，倘若使用这种方法，在树叶上造切口的工作就显得多余了。

接连弄坏三片叶子后，我意识到自己太着急了。要知道，卷叶象切口开得非常慢，叶子也只有这种状态下才会蔫萎，即使它的弹性没怎么变化，但至少能更容易卷曲。而我之前只用了两三分钟就剪出了两道口子，但叶子此时的弹性依旧很大，还是"很不听话"。等拆完几十个叶筒后，我终于入门了。现在可以来测试一下自己的水平。我事先没有进行测量，而是通过肉眼来判断切口是曲线，还是直线。其中一些与字母"S"有几分相似，但位置不同。因此，我开的切口与甲虫的杰作还是不太一样。

我开始卷叶筒，但结果依然不理想。即便是马马虎虎地卷好了一个，可只要我一松手，刚做好的小漏斗就立马崩开了。我把它们放在桌子上，用叶柄将其吊起，也完全无济于事。

所以说，叶子上的切口必须完全按照甲虫的方式来割。

对甲虫感兴趣的数学家发现，甲虫开切口的时候，实则是在解答一道复杂的数学题。如果答案正确，那叶筒就不会散开。这并非虚构的问题，它确实存在。但花时间细讲也没有多大意义，我只想说，题目的内容看上去非常"唬人"，即"在给定的渐伸线上构建一条渐屈线"。

卷叶象可不懂什么高等数学，也不理解解决问题所必需的复杂公式和计算过程。它的"能耐"完全是历代祖先亿万年来淘汰和实践的结果。最终，这种习惯固化为了一种"与生俱来的能力"。

但甲虫会继续完成自己的工作吗？如果它从叶子上掉落，那自然不会返回原来的那片叶子。可要是它被打断时还待在同一片叶子上，那又会出现什么结果呢？

我拿了根试管，往里头加了块软木塞，制作出一个一厘米高的小罩子。对虫子而言，木塞就是这个房间的天花板，墙壁则是试管的玻璃。

我把手小心地移到了树叶的背面。此时，甲虫还没注意到我的这个动作，所以仍像平常一样继续工作。于是，我开始慢慢转动手掌，打算把树叶托起来，并努力使其处在水平状态。我这么做是防止甲虫掉到地上。

这个看似简单的步骤在实操过程中却不那么顺利，甲虫还是掉到了地上。我只好重新找了片合适的树叶，又一次把手掌藏到了叶子下面。

这回终于成功了！我用试管盖住了甲虫。这只卷叶象很快便蜷起跗节，侧身躺了下去。我站在一旁耐心等待，因为再过几分钟，"昏倒"的甲虫就又会苏醒。卷叶象果真动了起来，爬上了试管的内壁。这时，我把试管从切口处挪走了。甲虫先在内壁上爬了一会儿，之后又回到树叶上徘徊。

撤掉试管后，甲虫重新获得了自由。它在叶子上漫步，但却没有注意到这个切口，所以还是飞走了……

我又另找了一片带有卷叶象的树叶。这次的甲虫则没有那么胆小，被罩住后不仅没有侧身倒下，反而很快就爬上了管壁。于是，我把试管移到了离切口一厘米远的地方。

当甲虫爬回树叶时，我挪走了试管。卷叶象便继续爬到了切口处，用前足打探着周围的环境。它沿着切口踱来踱去，摸索一阵后又重新投入了工作。

事实证明，即使工作被迫中断，甲虫只需稍息片刻，仍能继续干活儿。对此我并不感到惊讶，因为自然界中原本就存在不少打断卷叶象工作的因素。所以说，如果甲虫没从树叶上掉落而且还待在原处，那它能有什么理由不继续工作呢？

我之所以对甲虫中断工作这件事感兴趣，是有别的原因，而且还做了些额外的实验。我想知道，如果让甲虫停下手头的活儿，它们是否会接着帮其他同伴干活儿。为了得到答案，我需要准备两片刚开始切割的树叶。

我先用试管罩住了其中一片叶子上的甲虫，待它爬到管壁后，我就把试管挪到了另一片树叶上。在这只甲虫从管壁上爬下来之前，我把原先在第二片树叶上工作的甲虫撵走了。结果，我们的主角径直来到了原先那只甲虫制造的切口处。这项实验我重复了几十次。不过每次花费的时间并不多，也就十至十五分钟，这是在实验成功的情况下用去的时间。倘若实验进展不顺，那用时就更少了。甲虫有时会继续完成别人中断的工作，但有时却完全不理睬叶子上现成的切口。显然，这背后是甲虫个体的性格在发挥作用，不要想当然地以为全体卷叶象都遵循着同一套行为准则。

可不管怎样，还是有一些卷叶象愿意在其他甲虫咬出的切口上继续工作。因此，我又做了一项试验：先用剪刀在树叶上开了个小切口，然后把甲虫放了上去。

跟平常一样，甲虫先在叶子上爬了会儿，探了探切口后又继续徘徊起来。尽管卷叶象"视察"了切口数次，但似乎并无干活儿的打算。最后，我剪开的几十个切口全都作废了。

在历次实验中，有且仅有一只卷叶象接手了其他虫子的工作。遗憾的是，它刚试了下，马上就转身溜走了。

显然，卷叶象定是用某种方式辨认出了这种不同于自己手艺的人工切口。确实，用剪刀做的切口与甲虫用颚啃出的切口根本不是一回事儿。我用显微镜对两种不同的切口进行观察，看到了它们之间巨大的差异。卷叶象只要摸一下就能区分二者，但大家要知道，对甲虫这样微小的生物而言，切口上每一个看似微乎其微的凹凸都堪称大型锯齿。

在卷象科大家族中，桦树卷叶象或许是手艺最为高超的工匠了，因为其他种类的象鼻虫无法在树叶上完成过于复杂的切割工作。它们的近亲，或者说表兄弟也只能干点简单的活计而已，不过桦树卷叶象所做的工作却丝毫不涉及什么数学公式或计算。

雌山杨卷叶象（又称白杨卷叶象甲）开启工作的方式非常简单。这是一种漂亮的甲虫，浑身散发着绿色或蓝色的金属光泽。它们喜欢用白杨、山杨、白桦甚至橡树的叶子卷成雪茄形的小筒。生活在西伯利亚地区的它们特别喜欢覆盆子，专门啃咬这种树的叶子。

春末夏初，我在一些小白杨树上寻找这种卷叶象，虽然树本身不高，但却长着宽大的嫩叶。有时还能遇见白杨金花虫杂色的幼虫，它们散发出阵阵难闻的刺鼻气味，想不注意都难。

山杨卷叶象什么切口都不开，它们习惯卷起一整片树叶。话虽如此，但无论虫子有多灵巧，终究没法将一片富有弹性的新鲜叶子卷起来。因此，雌山杨卷叶象需要把叶子事先加工一下，它会用长喙在叶柄上啃出几道缺口。此番操作看似简单，小甲虫不过是用喙刺破了叶柄，可它造成的后续影响却不容小觑。

没过多久，树叶就开始下垂。流入叶片的水分因为叶柄脉络受伤而变少了。叶子开始枯萎，失去了原有的弹性，此时卷起处在这种状态下的叶子就容易多了。山杨卷叶象开工了，它从叶子的边缘开始卷"雪茄"。这是一项难度大且进展缓慢的工作，要持续好几个钟头。

这位甲虫女士可不会用什么东西来缝合或别住叶筒的卷边，叶子是自己粘在一起的。嫩叶的表面其实是有黏性的，且甲虫也一直在用自己的长喙往下压。这样一来，叶筒的每一层就都粘到了一起。最后，在褶皱的小筒边缘间，雌山杨卷叶象产下了一粒或多粒虫卵。

采用类似工作方式的还有梨卷叶象，又名葡萄卷叶象。它们也十分漂亮，泛着绿色或蓝色的金属光亮；能卷起赤杨、山杨、苹果、梨树、李子和葡萄藤的叶子，甚至还能将几片小叶子同时卷成"雪茄"。由于在卷"雪茄"时破坏的叶子过多，所以它们在一些地区被视为害虫。

我曾在榛子树上找到过榛树卷叶象做的"大圆筒"，在栎树上也发现过栎树卷叶象做的叶筒。这两种甲虫都比白桦和杨树上的卷叶象大得多。它们的背部均呈血红色，底部则呈黑色，但榛树卷叶象的脑袋，靠近躯干的那部分缩得很小，因此脖子变得十分细长，至于栎树卷叶象则压根儿就没脖子。

这两个家伙都有啃叶子的习惯，只是具体手段不同罢了。栎树卷叶象习惯从叶子的两边朝主脉方向切。当叶子开始枯萎时，它就会沿着主脉把树叶对折起来，然后从末端卷起，直至做成一个悬在主叶脉上的小筒。相比之下，榛树卷叶象更喜欢将树叶的一边横着切到另一边。它会咬断主脉，然后再沿着其他叶脉将叶子对折，接着也从下方开始将树叶卷拢。这看上去似乎跟栎树卷叶象没啥不同，但区别在于，前者所做的叶筒并不挂在主叶脉上，而是挂在没被咬断的叶缘上。

桦树卷叶象可以用白桦叶子卷出属于自己的叶筒，但山杨卷叶象却无法用这种叶子卷出自己的"雪茄"。有时，在白桦上你还会看见榛树卷叶象制作的叶筒（但遇不到栎树卷叶象）。以上三种不同的卷叶象代表着三种截然不同的卷叶方式，自然就会出现形态各异的叶筒。

相比之下，山杨卷叶象使用的方法最为简单。它们先在叶柄上扎几道口子，然后再把叶子卷成筒状。榛树卷叶象的方法则稍显复杂，不仅有横向的切口，还有双层折叠的叶片……最难的则要数桦树卷叶象的方法，切口弯曲歪斜不说，而且还有特定样式的要求。

为什么会出现这种情况呢？有人说"因为甲虫是不一样的"，但这种回答没有意义。每种甲虫当然都有自己的一套工作流程，可问题是，它们为何要舍简从繁？为什么要浪费宝贵的时间和精力呢？

这个问题目前还没有答案。毕竟，我们对卷叶象及其近亲的生活习性知之甚少。继续努力吧！谁知道呢，没准以后各位读者朋友可以找到问题的答案。

现在，我们再来聊聊卷叶象家族的另一批成员，它们有着与众不同的习性。这种甲虫得去果园里找，常在樱桃树、李子树、杏树、油柑子以及其他核果类植物上活动。

人们把这种甲虫称为樱桃虎象甲。那么问题来了，为什么不管它们叫"卷叶象"呢？事实上，从甲虫的亲缘关系来看，它们的确是卷象科的正式成员，但樱桃虎象甲既不用树叶卷雪茄，也不做漏斗，更不做小圆桶形的叶筒。就连它们的幼虫也都不在卷曲的叶子里生活。

樱桃虎象甲非常好看，个头儿也不那么小，身长可达一厘米，通体呈金绿色，还泛着金属的光泽和紫红色的光芒。所以说，它们被命名为"樱桃虎象甲"不是没有道理的。

在俄罗斯的部分地区，樱桃虎象甲是最主要的一种果园害虫。不过，春天它们待在树上的时候，大家还不一定就能注意到这些家伙。在莫斯科的郊外，也不是每座果园里都有这种甲虫，如果只盯着樱桃树看，那就更难发现它们了。

我倒有一个非常简单的方法可以判断一棵树上是否有樱桃虎象甲。只要将一把撑开的大帆布伞倒放在树下，然后用手摇晃樱桃树的树干。随着树枝的颤动，几只闪亮的虫子便会哗啦啦地落入了树下的伞中。

跟许多甲虫一样，樱桃虎象甲受惊时会蜷缩起自己的脚，从树上掉下。地面上不一定非得放雨伞，铺一块帆布、床单或其他什么布也是没问题的。之所以用伞，是因为我碰巧带了一把，且伞用起来比床单更方便。我甚至还给这把伞取了一个特别的名字：昆虫学伞。它跟普通雨伞不同，不仅面积更大，也没那么深，材质是帆布的。

既然找到了甲虫，那观察点也就不难找了。但还得等上一段时间才能开始观察，因为虫子目前还没有活动。

樱桃树开始结果子了，虫子的食物就是树上的樱桃。虽然吃得不多，但只要啃上一两口，一颗樱桃就算毁了。

樱桃逐渐变得红润了，甲虫也到了产卵期。

我在树下放了一张凳子，站了上去。樱桃已近在咫尺，甚至可以用放大镜来观察。我一刻也没有拖延，马上开始观察甲虫的活动。事情进展得很快，结果也挺顺利。这些甲虫可真有定力！

实际上，只要你不摇树干，不碰树枝，总的来说，就是不制造出任何甲虫能感受到的"地震"，那它们就不会注意到观察者。既然如此，如果把甲虫放入饲养笼，甚至搁在插在水瓶里的树枝上，它们应该也能干活儿。

于是，我剪了几根树枝备用。

几颗樱桃上的甲虫发呆似的粘在了果子表面，而在其他一些樱桃上却一只虫子都见不到。我又抓了十几只甲虫，小心翼翼地把它们带回了家。临走前，我还仔细检查了一番，因为这次只需要雌的。两种性别的甲虫其实很容易区分：雄甲虫前胸两侧有刺，雌甲虫则没有。

我把结着果子的樱桃树枝放在水里，然后将甲虫挪到了树枝上。为了防止意外发生，我还用玻璃罩盖住了这些奇特的树枝。接下来只坐在一旁观察便可。

过了一会儿，我拿掉罩子，这些甲虫并没有表现出任何想逃跑的意思。几只还在树上干活儿的雌樱桃虎象甲泰然自若，并没有因为环境的改变而感到不安。其他的甲虫现在也已经开始工作了。

甲虫的这项工作并不复杂。樱桃虎象甲先在樱桃上咬出了一个洞，后来它的长喙在里面越钻越深。尽管洞口越变越宽，但你仍看不到它具体在做些什么，也不清楚它是怎么做的，因为甲虫的头和胸部遮挡住了洞口。我还发现，从樱桃上掉下的碎屑并不多。很明显，甲虫不只是在挖洞，同时也在进食，主要看吃东西和干活儿哪种行为的速度更快。事实上，甲虫丢掉的比吃进去的更多，主要因为不管它胃口有多好，终究吃不下那么多果肉。

那洞里到底发生了什么呢?

我在樱桃树枝和甲虫边上待了半小时,之后又来到花园。我再次站到凳子上观察樱桃树。

这座果园里的樱桃虎象甲不算多,但我还是发现了二十来只雌虫。根据甲虫的长喙插入樱桃的长度可以判断出洞的深度。我仔细瞧了瞧它们,然后摘了些符合条件的樱桃。这样一来,甲虫当然就溜走了,不过这会儿也用不着它们了。

回家后,我小心地切开了从树上摘下的樱桃。

透过小洞的剖面,我终于看清了它内部的构造。于是,我一连又切了好几个樱桃,终于收集到了一套完整的剖面图,至此,甲虫的工作流程已一览无余。

现在,我看着趴在樱桃上一动不动的甲虫,便想象得出它是怎么用喙干活儿,具体又都做了些什么。不过,我必须承认,这些切口的确没什么吸引力。大家想想,打洞这样简单的工作能闹出什么新花样呢?

桌子上的甲虫还在继续工作。现在再看看它们,我总算弄明白了事情的来龙去脉。

眼下樱桃已被啃穿,连核都看得见。且甲虫在核上也钻了个洞,有时甚至还会一直咬到果仁。雌虫将长喙从洞中抽出,转身背对着洞口。这种场景似曾相识——虫子伸出产卵器并把它插进洞里,要产卵了!

事情到这儿就结束了吗?非也!甲虫再次转身,又将长喙伸进了洞中。

它在那里做什么？我这会儿看不见，因为甲虫把洞口挡住了。不过树上有的是樱桃，其中一些果子上的洞已经完工，但有些却没有。于是我又拿了一捧新樱桃回家切开，这下甲虫的秘密被彻底揭开了。

原来，雌虫会用一撮啃剩的果肉残渣盖住自己的卵。这些碎屑仿佛一个软木塞，把洞口和里面的卵都封住了。不过这个塞子上有许多细孔，幼虫因此可以呼吸到新鲜空气。但软木塞还有一个比"空气流通"更为重要的作用，即与之相悖的"不让空气流通"的功能。要知道，小洞毕竟是开在多汁的樱桃里，四周黏稠的果汁（即果胶）随时都会涌入，而这个软木塞可以保护幼虫免遭这种致命的威胁。

除此之外，虫子还想出了另一层保护措施。软木塞做好后，雌虫仍不愿意离开这颗樱桃。它在洞口周围的樱桃皮上又啃出了一圈沟槽。这道小沟既可防止小洞因樱桃生长而变得过大，同时还能防止它被果胶淹没。

瞧，樱桃虎象甲的工作内容与"卷树叶"相差甚远！不过，就算存在差别，二者仍有些共同之处。与其他卷叶象一样，雌樱桃虎象甲也为幼虫准备了可以食用的庇护所，更确切地说，它是将食物作为自己后代的住所。

樱桃虎象甲钻洞活动的后续情节就没那么有趣了。幼虫从卵中孵出来后，就一路咬到樱桃核仁。它们在之后的日子里便继续以此为食，且经过一个月左右即可成熟。最后，幼虫会顺着原来的通道离开樱桃，钻进土里。

有些幼虫当年就会化蛹，而有些则要等到越冬后的第二年秋天。春天里，甲虫就都能从蛹中羽化飞出。

但如果通道比正常情况下的长很多，那幼虫还能钻得出来吗？

雌虫啃出的洞是幼虫离开樱桃的唯一通道。为了延长幼虫外出通道，我把一些蔫了的小块樱桃和苹果粘在了洞口。事实证明，幼虫是有能力啃出一条完整的通道的，但存在前提条件，那就是道路不能太湿。正因如此，我才选择使用蔫巴的苹果或樱桃块，这样一来，幼虫就不会在果汁中因被粘住而溺毙。

樱桃虎象甲是一种害虫。雌虫产卵量可达一百五十粒，而这就意味着之后将有一百五十颗樱桃遭殃。这还不是最坏的结果。它们也啃食树芽、树叶和花苞，甚至未成熟的子房也会惨遭毒手——虫子这样做的害处极大，因为每毁掉一个子房，未来就有一颗樱桃消失。不过，消灭一座小果园里的樱桃虎象甲并不麻烦。如果你摇晃果树，甲虫就会从树上掉下。我在这里给大家再重复一次方法。先在樱桃树下铺上帆布、帐子或床单，然后摇晃树身，樱桃虎象甲很快就会掉落，要趁虫子"苏醒"之前把它们都收集起来。从首次发现甲虫起，直到樱桃开始结果，照上述方法重复五六次，园子里几乎就不会残留樱桃虎象甲了。

最好在清晨的时候摇树，那会儿还比较清凉；温度越高，甲虫就越活跃。如果在炎热的白天将甲虫从树上摇下来，它们不会都落到床单上，没准儿中途就设法飞走了。

最后，还要给大家一个建议，樱桃虎象甲在炎热的晴天工作最是勤奋。如果想观察它们，不妨在阳光灿烂的正午去樱桃树下碰碰运气。

爱吃喜鹊的埋葬虫

　　每个生物都拥有属于自己的传奇。瞧，林边的草丛中躺着一只死掉的喜鹊，它也曾有过一段独特的经历。没准儿这只鸟的故事还很有意思，但喜鹊的往昔岁月却并非我们现在感兴趣的内容。

　　要知道，死去的喜鹊同样可以拥有精彩的未来，尽管参与其"后事"的宾客不如它生前那么多，那是因为喜鹊的尸体本就保存不了多久。

　　喜鹊活着的时候，总有各种各样的动物在其左右，它们是鸟儿生存环境的一部分，兽类、鸟类、虫类应有尽有。其中一些扮演了食物的角色，比如田鼠就是一道不错的午餐。但有些动物则是喜鹊的仇敌，松鼠和貂不仅偷它的蛋，而且还会对雏鸟下手。老鹰是喜鹊白天里的威胁；等到了夜晚，昏昏欲睡的喜鹊还会被猫头鹰偷袭。然而，对于一些体形较小的鸟类而言，喜鹊自己反倒成了灾星。因为它们会拖走其他鸟巢里的蛋和鸟宝宝，甚至还能捕食青蛙和蜥蜴，吞吃甲虫、蝴蝶，啄食毛毛虫。想来，昆虫是喜鹊的主要猎物。如今，死去的喜鹊不仅本身变成了食物，还成了一些动物（主要是昆虫）的栖息地。

喜鹊的尸体在不断腐烂，上面寄居者的类型也在跟着变化，因为昆虫各有各的喜好，而且生存要求也千差万别。

事实上，死喜鹊真没我们想的那么重要。寒鸦、乌鸦、松鸦、白嘴鸦，甚至连普通的鸡都可以取而代之，且结果也都一样，那些虫子还是会在死鸟身上安家。

喜鹊的尸体刚从树上掉下，蚂蚁就跑上去了。这些个小滑头总爱在森林里到处乱窜。

它们无论在路上遇见什么，都会用触角仔细地打量一番。触角是蚂蚁了解周围环境的主要器官。尽管浑身长毛的喜鹊并非可口之物，但食物的气味却会令蚂蚁驻足流连。它们着急忙慌地在喜鹊周围爬来爬去，寻找能吃的东西。

人类的嗅觉是迟钝的，很多气味都无法感知。食腐苍蝇的嗅觉比我们灵敏得多，它们在几百米外就能闻到猎物的气味。

喜鹊身上飞来了一些亮闪闪的绿头金蝇，之后又来了一批红头且腹部带着深色方格的灰丽蝇。

这些苍蝇的幼虫以死喜鹊为食，因此绿头金蝇和灰丽蝇都在喜鹊尸体上产下了卵。就这样，死喜鹊身上的房客开始正式入住……

腐肉的气味愈发浓烈，新的客人纷至沓来。

伴随着一阵嗡嗡声，一只埋葬虫落到了地上。它折起带有黑色条纹的棕黄色鞘翅，伸出短小的锤状触角，向喜鹊爬去。

沉默的入殓师

接着，第二只、第三只埋葬虫陆续飞来……

这些埋葬虫先在死喜鹊身上爬了一会儿，然后又钻到了尸体底下。

这些甲虫有种特殊的习性，喜欢把小鸟和小动物的尸体掩埋起来。它们会在尸体下方挖洞，让其逐渐沉入土中。

喜鹊对它们来说简直就是一头庞然大物，虽然甲虫在尸体下面不停地掘土，但除了挖出几个浅浅的小坑外，什么事也没干成。

这只喜鹊可不是它们能埋得了的。

不过，埋葬虫并未因此感到尴尬，它们照样在死喜鹊身下产卵，因为后者的尸体可以提供很好的保护。踏着埋葬虫脚印而来的还有几只黑色的食尸虫。这些甲虫倒没有掩埋东西的习惯，它们只要吃饱了，就开始产卵。

蝇蛆、埋葬虫、食尸虫的幼虫加速了死喜鹊的腐化过程。尸体下方的地面变得潮湿起来，甚至还出现了小水坑，蝇蛆蜂拥而至。旁边则是一群专门捕食蝇蛆的阎甲幼虫。

阎甲体形不大，身子扁平短小。它们坚硬的外壳平滑且富有光泽，看起来十分华丽。

阎甲幼虫是肉食性的猎人。它们在死喜鹊身下四处横行，捕食蝇蛆，这是它们的家常便饭。

尸体还引来了其他住户和食客，都是些小甲虫、苍蝇。它们喜欢围在死喜鹊身边觅食，有的吃残骸，有的则以捕猎各种食腐昆虫为生，还有些虫子更爱在这儿产卵。

日子一天天过去，幼虫长大了。蝇蛆从喜鹊的残骸下钻了出来，向其他地方爬去。它们藏身于落叶和各种脏东西下面，还有些钻入了地下。蛆虫在这些庇护所中完成了最后一次蜕皮，然后化蛹。被丢弃的外皮则变成了一个个密实的桶状物——假茧。白色虫蛹娇嫩的身体全赖这东西保护。埋葬虫、食尸虫和阎甲的幼虫也都纷纷钻入土中化蛹。

现在，喜鹊的肉身只剩下骨头架子和几簇羽毛。可就算只有这点东西，各路食客也都趋之若鹜，比如窃蠹、皮蠹和露尾甲。到最后，死喜鹊只剩下一副骨架，干净得像被洗过一样，任何能吃的部分都被幼虫吞噬殆尽。许多昆虫，尤其是甲虫和苍蝇，都以腐肉为生。不管鸟兽体形是大是小，死后尸体总会引来特定的寄居者，且不同时期入住的房客各有差异。凡是寄居在尸体上的昆虫都拥有敏锐的嗅觉，它们在很远的地方就能闻到腐尸发出的气味。想必各位在大都市里很少见到金蝇吧？不妨在高楼的最顶层放块生肉试试，只要稍微有点腐败的味道，成百只的金蝇就会不请自来。

没有敏锐的嗅觉，食腐者便难以生存。一般来说，林子里的草地上倒是能经常看见鸟类、小型兽类以及蛙类的尸体，但这并不表示它们俯拾皆是。因此，那些金蝇和甲虫为了安置自己的后代，会极力奔向每一具鸟兽的尸体。

但食腐昆虫也有嗅觉失灵的时候。有些植物的花朵会释放出类似腐肉的气味，惹得食腐苍蝇和小甲虫白跑一趟。这里指的是一些疆南星属的植物，它们的小花都聚集在一个丰满的肉穗花序里，整个儿地被包裹在一个独特的翼状总苞当中。被气味吸引而来的小型食腐动物会在花朵周围乱爬，身上因此沾满了花粉。当虫子飞到其他植株的花朵上时，无形中带去了之前的花粉。当然，这些释放腐尸气味的花朵也并非单纯的骗子，因为到访的昆虫也能在花底找到食物，只不过不是荤菜罢了。但苍蝇为了种族的繁衍，却也不得不去寻找"真正的肉"。

食腐动物中最有意思的当属埋葬虫。它们不仅在老鼠或山雀的尸体上产卵，而且还替"死者"下葬。当然，它们也不是遇见什么东西就埋，比如喜鹊就埋不了，因为个头儿太大了。不过就老鼠、鼩鼱、鼹鼠以及大小类似麻雀或更大些的小鸟而言，那还是不成问题的。难怪这些家伙被人喊作"埋葬虫"。然而，在处理老鼠或麻雀的尸体时，埋葬虫也并非每次都就地掩埋。如果碰到坚硬难挖的地面，它们会把猎物拖往其他适合下葬的地方。倘若在场的两三个同伴无法应付，它们还会飞去找帮手。

一位外国博物学家曾在百年前描述过埋葬虫掘地的场景。他将一根棍子直插在地上，然后在顶端放上了一具蟾蜍的尸体。博物学家的初衷是想阻止埋葬虫把蟾蜍埋入土中，于是打算把尸体放在阳光下晒干。几天后，他却看到棍子倒在地上，尸体不见了。埋葬虫似乎挖倒了棍子，并下葬了这只蟾蜍。

难不成它们会"思考"？法国科学家雅克·亨利·法布尔毕生都在研究昆虫的生活，尤其关注虫子的行为和习性。他想知道昆虫是否存在"理智性"，这些六条腿的生物是否能稍加

"思考"，还是说这些行为与习性都只出自它们的本能？科学家为什么要提出以上问题呢？要知道，昆虫的行为往往都极为复杂，但奇怪的是，它们在行动中却并没有表现出任何"犹豫不决"或"缺乏深思熟虑"的迹象，难道这些都是动物与生俱来的"知识"吗？

于是，法布尔对这些埋葬虫进行了跟踪，事实证明，这些甲虫所谓的"援助"和"计策"都是观察失误的结果。

我不打算转述他的观察过程，因为不少内容前文都有提及。所以我还是讲讲自己的亲身经历吧，这样的话我会比较放松，各位读起来也会觉得更有趣。

由于气味难闻，埋葬虫及其猎物并不是好应付的观察对象。把它们养在屋里的话，会令人难以忍受，可要是挪去院子或花园里，又会被那些狗、乌鸦和寒鸦偷走，因此我在阳台上摆了一个沙盆作为观察皿。为了防止乌鸦和寒鸦的侵扰，我还做了个小罩子盖在盆上，材料是一块从渔网上拆下来的普通网布。当然，如果沙盆上已经盖好了这种网罩，那放在花园里也没事，但前提是甲虫可以钻进来。

埋葬虫倒不用花工夫找，它们自己就会找上门。埋葬虫属的昆虫有好几种，它们大多长有棕黄色的鞘翅，上面还分布着黑色的条纹。但全黑的品种比较少见，它们的个头儿要比其他种类大得多，一般只在大型鸟兽的尸体上活动，所以想寻找黑色葬甲（长脊黑覆葬甲）的话，那就没必要在田鼠或喜鹊身上浪费时间了。对了，不要把黑色葬甲和黑色食尸虫（黄角尸葬甲）搞混了。虽然两者都是黑色的，但后者体形更小，看上去又短又粗，而且它的鞘翅上还长有凸起的脊纹，触角顶端也没有锤状的小疙瘩。

谁也不知道这些甲虫究竟藏在哪儿，但只要一有死鸟和死老鼠的腐臭味，它们保准会来。

我可没心思去逮田鼠，且短时间内也抓不到它们。

在离我住的庄园不远处有一大片荒芜已久的牧场，草地中间还藏着个小池塘，一群水老鼠栖息于此。坐在岸边就能看到它们在睡菜丛中嬉闹，在池塘里悠闲地划水，于是我决定从水老鼠开始观察。尸体一飘出臭味，埋葬虫便立马现身，一共有六只。它们先在水老鼠的身上爬了爬，然后又钻到了尸体的下方。一刻钟过后，水老鼠的身子颤了颤，原来是虫子们开始干活儿了。

它们一边在死老鼠身下刨着沙子，一边还在搬弄着尸体。整个过程看上去十分自然。要知道，水老鼠躺在沙地上，身下一直压着正在挖坑的虫子小队。埋葬虫干活儿的时候不可避免地会抬起身子，这样必然就会推动压在上方的重物。

尸体底下偶尔会溜出一两只甲虫。它们爬上老鼠的身体后，又继续钻进了鼠毛中乱窜，尸体上几乎每时每刻都至少存在一只甲虫。很明显，每只甲虫干完活儿后，都会爬到水老鼠身上放松。埋葬虫不停地挖啊挖，老鼠尸体也在一点一点地沉入沙中，被抛出来的沙土在尸体周围逐渐堆成了一道小小的沙堤。后来，当水老鼠有一半身子都沉入坑里时，沙堤就开始塌陷，而埋葬虫也顺势将那些松散的沙子撒在了老鼠身上。

水老鼠仿佛溺水般在沙子中慢慢下沉，但整个过程并不平稳，而是一直都在摇晃。最后，尸体消失了。在它躺过的地方只留下一圈勉强还能看出的沙堤。

刨沙子这项工作很容易。埋葬虫不需要找别的帮手，它们自己就能应付。

可要是埋葬虫遇到刨不动的硬土块，那又会发生什么呢？我的方法很简单，称之为"实验"都有点儿过意不去。

我找来一小块厚木板充当硬土。我先把盆子中间的沙子扒了扒，把木板放到里面，然后再用沙子盖住木板，并将其压平。盆里的沙子看起来和往常一样，只是在中间薄薄的沙层下面藏着一块木板，也就是之前提到的"硬土"。我在木板顶端的沙层上放了一只死麻雀。甲虫果然如期而至，这次来了四只。它们照例对猎物检查了一番。过了一会儿，埋葬虫就全都钻到了尸体的下方。麻雀的身子开始微微颤动，虫子准备干活儿了。又过了一两个小时，埋葬虫已经挖到了木板，不过它们对这块"硬土"却有些无可奈何。于是它们改变策略，采用边推边挖的方法，先从麻雀身下抛出沙子，再爬到麻雀身上……我不曾看到这些甲虫开展过任何侦查行动。因为它们既没远离麻雀，也没去别的地方挖沙子。可这时麻雀的尸体突然向旁边动了起来。死麻雀在一颠一晃地往前挪，它不是被甲虫拖着走，而是被推着走。

我从侧面目睹了这一过程，最终发现甲虫其实也没用什么高超的技术。埋葬虫先是四脚朝天地翻过身来，然后所有的脚都抓住了麻雀的羽毛。接着，虫子又蜷起身体，把头顶在尸体上，之后挺直身子……每只甲虫在推动麻雀时都有一套自己的办法，所以麻雀的身体一会儿前移，一会儿偏离，一会儿又突然后退。最终，尸体的一半都从木板上滑了下来，再说死麻雀本身离木板的边缘就不远。现在，死麻雀的移动速度缓慢如初，不过倒是更加平稳了，但最重要的是，不会再"后退"了。

为什么虫子变得比先前更加团结了呢？我觉得事情应是这样的。当麻雀躺在铺满沙子的木板上时，它身下的每寸土都是"硬的"。无论甲虫背靠何处，其身体碰到的都是质地坚硬的材料。可要是麻雀的身子有一半都从木板上滑落了，那尸体就有一部分落在柔软的沙子上了。埋葬虫在这里干起活儿来自然是得心应手，所以推的力道也就更大，而且四只甲虫此时也全都来到了沙地上。我几乎一整天都在观察这只死麻雀。这些埋葬虫是早上九点左右来的，但直到晚上七点麻雀的尸体才出现在软沙地上。类似的实验我反复做了好几次，但观察到的结果大都相同。甲虫既没外出侦查，也没跑去搬救兵，更没有在柔软的地面上预先挖洞。它们每次都是先折腾了一会儿后才开始推猎物的，仅此而已。

以上只是虫子遭遇到小块"硬土"的情况，木板面积不过就比猎物大那么一点儿。

但如果甲虫与沙子或松土之间的距离不是五至十厘米，而是更远，那它们该怎么办呢？

　　要真是这样，埋葬虫仍然会将死老鼠或死鸟搬到松软的土地上。但如果干起来太麻烦的话，虫子有时也会撒手不管。一般来说，假如有超过三只以上的甲虫在干活儿，那事情进展得都会挺顺利。倘若虫子太少，那它们就没法把老鼠或小鸟移到板子的边缘，顶多只能在板子中间挪挪。最后，甲虫也只好放弃埋葬猎物。

　　不过，有时也会出现这样的情况，正在干活儿的甲虫突然就飞走了，但有的时候也会带回来一只甚至更多的小伙伴，这是去找帮手了吗？

　　想要弄清楚这事儿也不难。只要有甲虫出现在食物附近，我就给它们做个记号。如果虫子是飞去求援的，那它就会带着找来的帮手一起返回。

　　可事实并非如此。飞走的甲虫一般不会那么快折返，而且在之后赶来的虫子小队中也没有它的身影！原来，新来的甲虫根本就不是受邀的外援，它们只是比先锋部队来得更晚而已。

　　一天，我把木板换成了一个孔很密的金属网，这样就可以透过网来观察甲虫如何工作了。

　　当它们碰到网时，试图把这碍事的玩意儿咬破，但这并不奏效。于是，甲虫便开始把老鼠往一边推。

　　另外，我还用一张细线做的网替代了金属网，结果甲虫把网咬穿了。这一点儿也不足为奇，因为自然界的土壤中虽没有这种网格，但植物的根系却随处可见。某些地方的根系甚至可以阻止虫子掩埋它们的猎物。埋葬虫在此情况下一般都会将根系啃断，因此对类似的网状物也做了同样的处理。

如果在木棍上绑一只死青蛙，那又会发生什么事呢？这个实验将会更加有趣。但开始做这个实验前，首先需要找的不是死青蛙、死鸟或死老鼠，而是要抓到足够多的埋葬虫。

有那么几回，我在花园或阳台上放置了几个装着死老鼠的小盆子。埋葬虫飞来后一心忙着自己的事儿，而且还产了卵。产卵后的雌虫对腐尸已经没了兴趣。要知道，没有雌虫的存在，雄虫是不会干活儿的。很明显，我已经把附近的埋葬虫都折腾遍了，因为几乎再没有一只虫子找上门来。

我逮了几只白嘴鸦，等尸体发臭时把它们拿到了离庄园一千米以外的地方。我把尸体都放在了一张由木棍支起的网上，两天后，我又抓了大约三十只埋葬虫备用。

我做了很多次实验，都是拿吊死的老鼠和小鸟的尸体作为诱饵。我把它们放在干线球草的枝梢上，同时用蓝莓枝和干草茎作为支撑，此外还用细草根编织了一张大网眼的小吊床。但这种操作的最终结果也都差不多。

起初，埋葬虫总是变着法儿地推晃死老鼠或死鸟。如果这招儿不顶用的话，尸体是掉不下来的，于是，它们就开始啃咬茎秆。通常情况下，结局是一样的——老鼠或小鸟都会摔到地面上。

我在地上插了根木棍，把死老鼠放在上面。老鼠的头垂在一边，后腿和尾巴垂在另一边。

从饲养笼里放出来的两只埋葬虫很快就爬到了死老鼠身

上。几分钟后，甲虫把尸体推到了地上。这项操作一点儿也不麻烦，因为它们要做的只是钻到老鼠的下方，接着再推几下就行。

那要怎么解释这个现象呢？是甲虫想出了该做的事情，还是事情"自然而然地发生了"？对我来说，这没什么难理解的。对各位读者而言，如果仔细阅读了关于埋葬虫故事的开头，那也不会有什么难以理解之处。

一只死老鼠躺在地上，甲虫聚集到它旁边，在尸体下面钻来钻去，就像它们现在做的那样。死老鼠勉勉强强地挂在木棍上，那像这样做要多久才能掉下来呢？这些甲虫在老鼠下面爬行，自然是在用力推它。

我把一根粗线的一端绑在老鼠尾巴上，另一端绑在木棍的顶端，同时还把木棍的底部埋进沙子里，让死老鼠的身子半靠在木棍上。埋葬虫爬到了尸体身边，但很快就钻到老鼠身体的下方，然后又爬了出来。

甲虫开始掩埋死老鼠。它们挖啊挖啊，老鼠的一半身子已经陷入沙中。木棍也随之略微下沉，可见甲虫在给老鼠下葬的同时把棍子也一起埋了，毕竟棍子的底部就插在老鼠的旁边。木棍终于倒了，现在总算可以把整只老鼠都埋起来了。

甲虫是否能猜到埋葬一只老鼠都需要做点什么呢？我们可以大胆假设，但也要证明其合理之处。

我刚好弄来了五只田鼠，足够实验所需了。

我把田鼠的后腿用绳子绑起来，另一端系在木棍的顶部，同时把木棍斜着插在沙地里。还是参照之前的办法，把田鼠的半个身子放在沙地上，但这次田鼠与木棍之间有十厘米的距离。甲虫又挖了起来，放在地上的鼠头及其胸部开始陷入土中。

埋葬虫用尽全力地往下挖。田鼠依旧被绳子绑着，虫子拽着田鼠，使劲儿摇动，但没什么效果。整个过程到这里就算结束了，其间没有任何一只埋葬虫试图爬到木棍上，更别说想从底部把它挖倒。

这个实验我重复了好几次，但结果都一样。

现在，我采用另一种方式来摆放田鼠。不像以前那样把它挂在木棍上，而是把它头朝下紧紧地捆在木棍上，并且不让尸体碰到沙地。埋葬虫从四周纷纷赶来，钻到死田鼠身下，千方百计地晃动着。它们一连干了好几个小时，最后终于咬断了绳子，田鼠掉到了沙地上。

又一次，我把绳子的一端系在木棍顶端，另一端系在田鼠尾巴上，让田鼠头朝下挂着，但头部没挨着地。

这一回的实验跟上次类似，但死田鼠没有被捆在木棍上，它可以来回摆动。

埋葬虫再次蜂拥而至，爬进了死田鼠身下，开始用力推。由于死田鼠现在可以自由摆动，所以只需稍加点外力，即可把它推离木棍。来回摆动的尸体不仅撞到了木棍，还撞上了甲虫，把它们从棍子上撞了下来。

埋葬虫掉到了沙地上，在地面爬了几分钟，不过它们就像什么事都没发生一样，再次爬上了木棍，开始重新推搡田鼠。

做完这次的实验，我没有获得任何新的东西。看着死田鼠晃来晃去，不停地把埋葬虫从棍子上撞下去，真挺好笑。然而，埋葬虫最终还是找到了系着田鼠尾巴的绳环，开始撕咬起来。

我还做了其他实验。比如用金属线绑住死鸟或死田鼠的爪子，在此情况下，甲虫一般会尝试咬断金属线，但最后却以咬断爪子而告终。可如果用金属线把整个身体捆住的话，甲虫则会干上很长一段时间，但最终还是会放弃，因为它们什么也咬不断。

各项实验都表明：埋葬虫并不会思考。它们只是照固定模式工作，仅此而已。在大自然中，它们必须学会咬断树根，而细线、细绳、韧皮纤维和铁丝之类的东西对埋葬虫来说也都是"根"。

事实上，带小环的实验是特别有说服力的。我找来了一根带杈的树枝，且这个小杈丫还与树枝主体保持垂直状态，我把不带杈丫的那端锯短了，只剩下半厘米。我用这种办法给死田鼠做了个挂钩。

我用金属线绑住田鼠的后腿，另一端则做成小环，把它紧贴在田鼠爪子边。我把树枝插入沙地，然后又把小环套在了小杈丫上。

只见，埋葬虫爬到了田鼠身体下面，开始推动它，而且很快就把小环从杈丫上推了下来。其实要完成这一步，埋葬虫只需把田鼠从杈丫上轻轻拨下就行。

我用一根带杈丫的树杈替换下了笔直的树杈，又把分枝的那一端锯短了些，只保留了较长的那一端，接着带环的死田鼠被我挂到了树杈上。

现在，埋葬虫想把小环弄下来的话，就必须踮起脚往上轻轻推动田鼠。

埋葬虫开始行动了。小环正朝树杈方向移动，但这时一般的推力已经不好使了，需要对小环施加水平方向上的力。

埋葬虫花了很长时间来处理这只田鼠。它们无法移动小环，而平常的办法也无济于事。埋葬虫开始啃金属线，最终把猎物的爪子咬断了。

然后，我又把死田鼠挂在第一次实验曾用过的短树杈上，但这回换上了另一个小环。它完全不贴在田鼠的爪子上，在小环与爪子中间还有一段六厘米长的金属线，这个长度是埋葬虫体长的两倍。田鼠被绑在了较长的那端。

埋葬虫又爬过来推动尸体了，田鼠摆向一旁，但小环没有从短丫上脱落。在这种情况下，要想让小环掉落，虫子需要推动的不是田鼠，而是小环边上的金属线。只需一推，小环立刻就会掉落。

如果埋葬虫做到了这一点，我会向它们致敬并表示歉意："请原谅，刚开始我以为你们都很傻，但实际上你们聪明得很。"

但埋葬虫最后还是没能完成这项任务，因为它们没那个能力，否则这些家伙就不会被称为甲虫了。

蓑蛾

丁香花凋谢了，苹果树下亦是落英缤纷。红色的三叶草却开始尽情绽放。春天已然结束，夏日如期到来。

我正好路过别墅区边上的一个旧木栅栏。心想是不是该停下来，看看这儿能否找到什么有意思的东西，其实有趣的事儿到处都有。关键要学会观察，但最重要的是得学会发现。

眼前的栅栏上就粘着一长串干草。这是什么东西呢？要知道，秋天刮起风暴的时候，什么乱七八糟的东西都能粘在朽烂的木板上。

快看！小草团颤了一下。是风吹的吗？

再定眼一瞧，小草团竟自己爬动了。

要不要停下来仔细打量一下呢？

原来，这不是一团单纯的杂草团。它有一个丝质的尖顶，草茎都附着在某种管状物的表面，形成了一个小袋囊。

在这个小袋囊里面住着一只幼虫。一坨枯草团和碎叶子就是幼虫的"房子"，幼虫和它形影不离。从外表上看，这栋宅子并不美观，但屋内的墙壁上却糊满了绸缎。

我们先用几句话介绍一下小袋囊主人的故事。一只幼虫给自己织了一个管状的小外套，然后在套子外边粘上了小草茎、碎叶子和干针叶。它从不离开自己的住所，平常吃喝拉撒以及越冬全在里面解决，之后的化蛹工作也是在此处完成。

当下正是幼虫化蛹的重要时期，我恰好从旧栅栏旁经过。

既然这里有一个小袋囊出现，那就意味着还能找到第二个或第三个……我继续在栅栏和树干上寻找。一个接着一个，最后总共发现了十来个。

还要再多找一些吗？我觉得这些就够了。

看得出，这些小袋囊彼此间存在着明显的差异：有的大，有的小，有的乱糟糟的，但有的却很齐整。它们悬挂的位置也各不一样，有的在高处，有的则吊在低一些的位置，差不多就到我膝盖那儿。不过，所有的小袋囊都是草茎朝下挂着的，下雨时，掉落的水滴就会像从屋顶上滑落下来那样顺着袋囊的表面流走。

我把这些小袋囊都带回了家。

凡是幼虫最后都会化蛹。被抓住的这些也不例外，但我又一次发现了它们彼此间的差别，而这次的发现似乎更为重要。一些小袋囊里的蛹不太动弹，但在另一些当中，有些蛹已经开始活动了！

在阳光明媚的白天，蛹会爬到自己的"家门口"，有时甚至会探出身来。等到了晚上，它就躲回了袋囊里。它们似乎在晒日光浴，真是奇妙！

蜗居

然而，幼虫曾经探出头和身子的地方并不是它最后羽化的"出口"。小袋囊的出口现在还牢牢附着在内壁上，向外的通道被堵住了。很明显，幼虫在化蛹之前会在袋囊里翻个身。因为袋囊的尾部此前并没被封死，现在也还是开着的。待幼虫掉头后，过去是"后门"的地方就变成了"出口"。

一天，蛹向外探出了身子，然后就待在了那儿。没过多久，这只蛹就裂开了，从里面拱出了一只很不起眼的深色小蛾子，头上点缀着一对漂亮的羽状触角。大家只要看一眼这只蛾子，马上就能注意到这对触角，它们那毛茸茸的样子甚是引人注目。不过，只有雄蛾才拥有这种触角。实际上，也只有雄蛾才需要从袋囊中化蛹而出。对了，它们还有一个更响亮的名字——蓑蛾。

雄蛾从薄薄的、半透明状的淡黄色蛹壳里爬了出来，并暂时停留在这个小袋囊上。过了一会儿，它身子已经变得既干爽又结实，于是就展翅飞走了。

雄蛾并没有飞远，而是绕着其中某个小袋囊飞来飞去。

在那个袋囊的出口处（别忘了，这里是指它的尾部）没有任何东西外露，但在暗处的小洞里却似乎隐藏着什么。这是一只躲在袋囊深处的生物，可肉眼看不清。这东西在雄蛾飞出前一两天才出现，不过最后还是迟迟不爬出袋囊。

仔细端详过后，你就会大吃一惊。这家伙既没有布满细鳞片的翅膀，也没有羽状的触角。它看上去像只丑陋的无翼蠕虫。它甚至都无法从蛹壳里爬出来，顶多只能伸出半截身子。

这是蛾子吗？

让我们来看看！这真的就是蛾子，尽管它长得一点儿都不像。但这只蠕虫就是一只蛾子，你们不相信吗？

可以仔细观察一下这只雄蛾。想象着，它如果没有翅膀，没有羽状触角的样子，是不是挺像这只从蛹中探出身来的"蠕虫"呢？

其实，样子丑陋的"蠕虫"正是雌蛾，只不过没有翅膀而已，过去是这样，以后也是这样……

雌蛾是不会从自己的小袋囊中爬出来的。你瞧它那没有翅膀且肥胖笨拙的样子，还能往哪儿爬呢？所以，它只静静地躺在小袋囊里，旁边的雄蛾正不断兜着圈子飞来飞去，仿佛是在挑逗对方：瞧，我们就这样飞呀飞呀……

几天后，小袋囊里的雌蛾产完了卵。可在此之后，它便死掉了。

炎炎夏日，雌蛾的尸体要不了多久就会干枯。它就如同一个装满卵的袋子，排卵过后，躯体就开始萎缩干瘪了。最后，它会从小袋囊中滑落坠地。

幼虫就这样诞生了，它们个头儿极小，大概只有一毫米长。大家想想它们要做的第一件事是什么？答案很简单：当然是爬出去了。可接下来呢？

估计大家会说："幼虫很贪吃，它们要开始进食了。"

你们又搞错了。没想到吧！各位一道题都没答对。你们总以为蓑蛾的房子不过是一堆垃圾罢了，而雌蛾也只是一种蠕虫，可到头来却发现全弄错了。

幼虫既不进食，亦不觅食。它们准备开始"穿衣服"。这样看，还真是一群奇怪的家伙！毕竟，幼虫无论如何也不愿意"光着身子"到处溜达。

妈妈住过的小屋恰好是幼虫制作首件衣服的材料。

房子里的丝绸套子幼虫是不会碰的，尽管这料子质地细腻柔软。它们一开始只会用锯齿状的颚刮掉围在房子外面的草茎。

刚出生的幼虫体形非常小，所以它们的下颚也很小，只有用放大镜才可一睹真容。当然，它们之前刮掉的只是些十分细的绒毛。

很快，它们就穿上了一身华丽的外衣，但并非从头裹到脚。虫子的头和足一直都敞露在外边，只有后半身覆盖着一个细绒毛做的高帽子。幼虫在爬行时，都会把自己的高帽子立起来，就像是在炫耀自己的新衣服。

当各位读到这些文字时，就有理由会问："这顶羽绒高帽子究竟是怎么做的？幼虫又是怎么穿上的呢？"

这个问题提得好。我若不讲讲幼虫的针线功夫，那真就太遗憾了。最后，还需要向读者朋友吹嘘一下，看看我都发现了什么。

事实上，观察幼虫如何裁剪自己首套衣服的确不容易。

幼虫体长也就一毫米，想要找到一只像这样的虫子，你必须目不转睛地盯着。但如果只用肉眼去观察的话，那什么也见不着。我使用的工具是双筒显微镜，这是一种类似将棱镜双目望远镜和显微镜组装而成的奇怪仪器。我在这架笨重仪器的载物台上放置了一个扁平小碗，里头盛着雌蛾的小袋囊和刚孵化出来的幼虫。我一只手调节焦距，另一只调节亮度。我弯下身子，双眼对准目镜，同时屏住了呼吸……

我使用"屏住呼吸"一词绝不是为了在读者面前故弄玄虚。我之所以僵住了，不是因为期待看见什么惊世骇俗之物，也不是因为紧张和兴奋，而是另有原因，而且简单得令人想不到。

幼虫实在是太轻了，轻到只要稍微呼出气流，它们就会被"吹飞"。因此，我必须屏住呼吸，即便坐着时，也只能微微吐气，否则就时刻有把小虫子吹跑的风险。

我在双筒显微镜顶端贴了一块小胶布做的罩子，上面开有目镜孔。这样做是为了防止我呼出的气在设备顶部凝结成"汗"。这块胶布可以在一定程度上保护这些幼虫，保护措施是采取了，但大口喘气依然危险。

我微微地喘了口气……

小袋囊上大约有五十只幼虫在爬来爬去，但雌蛾总共产下的卵却要比这多得多，一百只都不止。然而，当我从饲养笼内壁上取下小袋囊时，不小心将一些卵弄丢了，等我准备把小袋囊转至双筒显微镜载物台时，又丢了一些。还有一些则是在调亮度的时候被我吹跑了。

经过诸多惨痛的教训，我现在又开始屏住呼吸。眼下要做的就是从头到尾好好观察一番。倘若又把这些"小裁缝"吹跑了，那还有何意义可言呢？

一只幼虫正用颚部刨刮着一根开裂的草茎。它一边刮，一边把刨下的茎髓鼓捣成了一个小球。

当然，幼虫不只会刨刮，它"下唇"上还长着一个腺体，能吐出极细的丝。幼虫用这种丝把刮下来的木屑都粘了起来，这样小球就不会散开了。

已做好的小球被放在了一边，但并不会掉落。接着，幼虫马上就开始做第二个小球。它的行为仿佛在穿珠子，小球一个挨着一个，最后全都被丝网连在了一起，形成了一条项链状的东西。

观测时，把双筒显微镜的焦距调到放大三十至四十倍的数值就足够了。视野中有很多幼虫在活动，它们都在穿珠子。我在紧盯其中一只的同时，也在观察其他虫子，有些穿得快一点儿，有些则要慢一点儿。但没有一只幼虫闲着，大家都在热火朝天地刮呀、穿呀。

我不清楚虫子是怎么知道这些工序的，只是当珠串达到特定长度时，它们就停止了工作。

珠串越变越长，最后成了幼虫的腰带。虫子把它缠在了胸部第三个体环后面，也就是缠在第三对足的后面。腰带两端是用丝粘在一起的，但有几个小球把这些类似卡扣的丝挡住了，于是整体看上去就像一条光滑无缝的腰带。

幼虫高帽子的基础打好了。

不过工作还得继续。现在仍有新的小球不断被缝入腰带，腰带也越变越宽。

自腰带的前部开始加宽时，幼虫自己也在往前爬。虫子这是在给自己盖房子，而且一边造，还一边朝外面挪动。就像我们之前看到的那样，虫子的头、胸和足都暴露在外面。当这顶高帽子把幼虫整个胸部都裹起来时，任务就算完成了。

高帽子后面还留了一个小洞，因为这栋房子是以腰带和圆环的形式建造起来的。所以说，无论怎么加大、加长圆环，到最后总会有两个洞，因此"高帽子"一词还是无法完全精准地描述出它的形状。虽然蓑蛾的俄语名称来自"袋子"这个词，但请问各位，哪样的袋子会没底呢？可问题是，我又能用什么其他简单的词来称呼遮盖住幼虫后半段身体的东西呢？况且单从外面看，它确实像顶高帽子。

后面的那个洞始终存在，尽管不太显眼，但一直都有。不然还能怎么办呢！毕竟幼虫也要吃东西，排泄物不可能都留在小套子里，就是因为有了后面的小窟窿，幼虫才可以把粪便排到外边去。

这个洞不大。小套子的末端是空的，可以收缩，所以小洞也能收缩。幼虫如果需要排泄的话，它就会向后倒退，把腹部伸到套子的末端，然后努力撑开它，这样小洞也随之扩大。大家再看看这个高帽形的套子，可以说幼虫做了根管子，或一个圆筒。那为什么管子的末端是锥形的呢？这是因为管子的两端均可自由地收缩和扩大。

高帽子做好了，漂亮得很，而且还是白色的。幼虫在平常爬行时并不会采用拖的办法去挪动这个套子，而是把肚子朝上翘起来，这样一来，高帽子也跟着一块儿翘了起来。这种做法完全正确。像这种精致的行头是不能放在地上拖的，因为任何不平坦的地方、锯齿形的小豁口，甚至小草茎上粗硬一点的绒毛都会挂住它。大家不妨想象穿着薄纱裙走过蔷薇丛、刺槐林的场景，想一想那时会发生什么？

可并没有谁教过幼虫这一点，它们自己当然更想不出这个法子了。因此，这种行为实乃虫子的本能和天生的习性使然。

幼虫现在已穿好衣服，可以去觅食了。

我的目光从显微镜转到了另一边，想从侧面观察玻璃小碗中的幼虫。这些白色的小机灵鬼，只有连字符那么大，一伸一缩地在小套子里蠕动。尽管它们看上去行动迟缓，但在虫子自己的世界里，还是挺快的。

我把一小片绿毛山柳菊的碎叶放在小碗中。由于叶子背面满是绒毛，所以通体上呈现出灰色或微白色。春天或夏初的时候，在干燥的地方经常可以看到它那黄色的花盘。

幼虫开始吃东西了……

这才刚刚开始。我想知道，是不是随便一种材料都能被幼虫用来制作高帽形的外套？另外，我还很好奇，如果强行把它们的外套剥去，那虫子还会不会又做一件外套？最后，我还想了解一下，不穿外套的幼虫能否继续活下去？

我这儿有几只雌蛾。一只雌蛾正常可以产下四五百粒卵，这意味着我将拥有一千多只幼虫。

还是回到刚才提到的那个问题，幼虫被剥掉高帽子，究竟还能不能活呢？

我找来了几个玻璃小碗，每只都放上了山柳菊叶子（幼虫会吃这玩意儿，我是验证过的）和其他各种杂草，好让幼虫根据喜欢的口味自行选择。我往每只小碗里都放入了十只幼虫。它们各自的情况都不太一样。有些是完全赤裸的，一个小球都没来得及做，有些已经把小球穿成了一条腰带，还有些则穿上了类似短裙的东西，至于剩下的那些已经被我"脱掉了外套"，而且还是分批次进行的。比方说，摘掉了一些虫子初次做成的小球，取走了一些虫子尚未做好的珠串……总之，无论长短一律剥除。最后，我还在另一只小碗中单独放入了五只幼虫，它们业已做好的高帽子也被我一股脑儿剥下了。

要知道，给体长只有一毫米的小虫子脱外套绝对是件精细活儿。一般而言，幼虫的腰带越宽，那在操作时想不伤害虫子的难度就越大。有好些只做完了高帽子的幼虫都受伤而死了。

说实话，这段经历令我十分尴尬。几个小时后，我再次来到玻璃小碗前，发现幼虫都在忙着穿外套。

看来，虫子终究还是找到了用来做外套的东西！绿毛山柳菊叶子背面的绒毛还真是一种绝佳的面料。

这项实验说明，被剥去外套的幼虫会重新为自己穿衣，不过这并不能彻底满足我的求知欲。

我得再做实验。好在之前攒下了足够多的卵，幼虫也在继续孵化。

我把幼虫放进玻璃小碗时，还不忘向它们发出挑衅："现在你们可没东西用来做高帽子了吧！"

幼虫的食物都是精挑细选过的，上面不存在任何有用的东西。

有一个小碗里装着山柳菊叶子，但叶上的绒毛现在已经没有了。我费了好大劲儿才把绒毛清理干净，但此时的叶子已变得又皱又破，所以不得不把它们放进有水的试管里，免得它们马上枯萎。

我把那些尝过山柳菊叶子的幼虫都放在了这个玻璃小碗里。当然，它们的外套被提前剥掉了。我个人认为，熟悉的食物往往都具有更大的诱惑力，也许叶子那种倒胃口的外形不会令幼虫望而却步。

为了避免意外情况出现，我特意做了实验来测试虫子到底吃不吃这种古怪的叶子，我把那些已经戴上高帽子的幼虫当成实验对象，喂它们吃叶子，结果虫子并未拒绝，还真吃了。

就这样过了一两天……幼虫在草和叶子上漫步，有时也会在玻璃碗底和碗壁上爬行。它们显得惴惴不安，一直在找做衣服的料子。不用说，这些可怜的幼虫肯定饿了很长一段时间，不过这些叶子却原封未动。

等到第三天、第四天……它们都已经饿瘦了。我一遍又一遍地更换食物，费力地从山柳菊的叶子上刮走绒毛。

幼虫却开始死亡。这些顽固的小家伙无论如何也不肯光着身子吃东西。

当最后只剩下了几只幼虫时，我为它们奉上了带毛的山柳菊叶子。虽然虫子此时已十分虚弱，但精疲力竭的小家伙还是选择先为自己"缝件衣裳"。它们从叶子上刮下绒毛，但并没有触碰食物。只等外套做好之后，幼虫才开始进食。

是不是随便一种材料都能拿来做外套呢？

为了做这个实验，我又找来了各种各样的幼虫：有没穿外套的，有穿了一半的，有刚开始穿的，还有外套都快穿好的。

这一次，我在玻璃小碗里放入了不同的食材：滤纸碎片，各种裂开的草茎。有的小碗里放的是软木塞碎屑，还有的里面放的是接骨木的茎髓。

那接下来会出现什么情况？结果，虫子都把衣服穿好了！

幼虫既刮掉了草茎白色的茎髓，也刮干净了滤纸片，而且不管是白色、粉色、蓝色，还是绿色的吸墨纸，它们统统不放过，都得刮上一遍。至于那个盛有木塞碎屑的小碗，里面的幼虫竟然设法把碎屑拼了起来，它们用这些材料给自己做了顶高帽子，而且看上去还非常别致。

实验表明，任何植物材料都可以用来做外套，只要是干燥、轻便的即可。当然，还有一个非常重要的条件，必须是幼虫的颚可以咬得动的东西。如果这种材料对于幼虫来说合适，那虫子自然会把它刮下来；倘若刮不下来，则说明不适合。

关于虫子做帽子的话题，我还得做更多次实验。我想知道，幼虫是否会用不同材料来制作一顶带有层次感的帽子？我其实早就知道了试验的结果，但还是觉得要亲自验证一下才好，再说光看看不也挺有意思嘛！

但这场实验并非一天之内就能结束。幼虫由于急着穿外套，所以很快就赶出了一顶帽子。日后，随着虫子体形的增长和帽子的磨损，把这东西继续加长是迟早的事，所以完全没必要着急。

这次，我把一百来只幼虫分别放入了二十个小碗里。每只碗中都备有用于加长帽子的材料，包括各种草茎、碎纸片、软木塞以及不同植物枝条的茎髓。

我时不时都在更换碗中的碎屑和纸片。我必须做好精准的记录，以确保每次放入的材料都是之前碗里没有的东西。

我的这些小家伙正在长大，都在不停地加长自己的帽子。它们所用的都是身边现成的材料。如果虫子使用的材料种类较多，那之后做出的帽子就会有好几种颜色。其中有些高帽子非常漂亮，可惜得借助高倍放大镜才能欣赏到它们的美。

实际上，幼虫是从帽子的前端开始加长的，因此它的房子也是从前面开始扩大的，后面的部分则逐渐磨损成了碎末。因此，用不了多少天，幼虫的第一件外套就会被磨没了。

随着幼虫一天天长大，高帽子也变得越来越长，最后竟变成了一根管状物。可由于其尾部仍然很窄，所以这件外套看起来仍像是一顶高帽子。

不过，这种外套也并非一直保持着丝球管子的外形。它渐渐粘上了一些植物的碎屑，而且看起来像是偶然粘上的，这些碎屑不仅越积越多，而且尺寸也越来越大。

这么看，是时候装修一下房子了。幼虫没有更换丝织外套的打算，而且我们也没理由说它们换了衣服，虫子只是找到了更简单的办法——给丝制外套换了层面料。

它们把所有的东西都用上了，包括细草茎的碎屑、针叶、碎叶子渣。由于是自己亲自喂养的，所以我很了解这些小家伙的习性，还特意提前在饲养笼和小碗里安放好了虫子所需的建材。

现在我不必再花几个小时的时间来观察幼虫了，也不再需要借助双筒显微镜了。用两只眼珠子看就行，只是偶尔拿起放大镜观察。幼虫已经长大了一些，不像刚从卵中孵出来那会儿一定得用显微镜来观察。

幼虫一边用颚咬住碎草茎，一边用颚和足把它们翻来覆去。它或许是在选材，又或许是在试用。有些东西被幼虫丢弃了，有些则被拿走利用了，我实在看不出这些碎屑之间有多大区别，其中有不少都是看上去完全一样的针叶碎片。很明显，幼虫发现了一些我既没注意到，而且也不可能看见的东西。

碎草茎选好了。幼虫用颚咬住草茎的一头，麻利地啃下了几块碎屑。接着，它又把小草茎稍微抬起，同时摇晃着头和胸，然后猛地一下将碎屑甩在了背上。没等虫子把碎草茎从口中放下，它随即就将嘴里衔着的草茎头固定在了丝制的外套上，并吐丝把二者粘了起来。

事情大概就是如此。现在，前期的基础已经打好了。第一根草茎连上后，紧接着是第二根、第三根……幼虫用一种固定的办法装好了所有的草茎，而且还把它们都均匀地贴在了小套子上。

幼虫开工的起始位置决定着覆盖物的整体规模。还好，丝管前部仍有些地方没被碎屑覆盖，不然，这种粗制覆盖物就会妨碍到幼虫胸部的活动。

当然，无论幼虫如何扭动自己的身体，它们始终都没法做出像丝管那样长的袋囊。关于虫子是如何制作外套的，这点倒不难猜测。一般来说，就是把外套逐渐朝前加长。幼虫一点一点地向外爬，与此同时还不忘添砖加瓦，蓑蛾幼虫正是用了这种办法才扩大了原有的"建筑面积"。

但类似的制作过程并不会总是那么顺利。事实上，不是所有的碎枝条和碎针叶都能顺着外套贴合，有一些可能会朝旁边戳出。尤其是碎叶子，有时甚至会横着贴在外套上。

这其中的原因很简单。幼虫咬住了草茎和针叶的一端，然后把它们抛向背部，这些材料立刻就粘上了虫子的身体，而且幼虫也不必花时间去整理。因此，这些碎屑当初怎么摆，日后就还怎样摆；最早虫子是如何抓住草茎的，这些东西就会保持着当初的状态。若是斜着咬下来的，那它也就会斜着粘在虫子身上。由于碎叶片比较短小，虫子把它们甩到背上时，更容易粘得横七竖八。因此，它们整体看上去有点杂乱。

可说真的，这件外套看上去其实没那么乱。原因也不难理解。在幼虫爬行的过程中，那些突出来的草茎和针叶都被其他物体给刮掉了。做好的外套虽然结实，但这些草茎最终还是会被刮落或折断。

这项工作要干很多天，而且比当初幼虫火急火燎地为自己赶制第一顶高帽子要复杂得多。幼虫眼下要吃、要爬，还要制作外套，此外，还有许多要紧事得办，但最先要解决的应该还是吃饭问题。

做好了外套并不表示幼虫就能放下工作。虽然丝管现在已被各种植物的碎屑包裹着，但这并非幼虫结束工作的理由。幼虫继续在套子的前部开展加长工作，而后面的部分则一直在磨损。

在一个大晴天里，我养的这些蓑蛾幼虫爬上了饲养箱的内壁。虫子把自己的小外套挂了起来，并用丝把它们紧紧地粘在了箱壁上，然后幼虫又用丝堵住了住处的入口。

幼虫准备好过冬了。

那我们又该如何对付它们呢？

不要对这个问题感到惊讶，这么做自有道理。

直到现在我还完全弄不清自己养的这些小家伙究竟叫什么。蓑蛾的种类繁多，全球大约有五百种，但其中不少在人类世界中都属于害虫。它们主要分布在俄国南部，尤其是亚热带地区。北方不适合南方蓑蛾生存。甘蔗、柑橘、果树、谷类以及棉花、葡萄、茶叶、草甸、可可、咖啡等诸多植物都是蓑蛾幼虫破坏的对象。在俄国，类似的蓑蛾就约有一百五十种，总共约有八百个小类。显然，仅靠"蓑蛾"一词我们无法获得充分的认知，有必要使用一些更加精准的表达。

我所养的是单色蓑蛾的幼虫，雄蛾是黑褐色的，它们有时会破坏一些禾本植物和灌木。

这些蓑蛾发育缓慢，它们的幼虫通常需要越冬两次。但在俄罗斯南方，它们越冬一次后就能化蛹。

竟然要越冬两次！这就是令我百思不得其解的原因。难道明年整个夏天我都要耗在这些幼虫身上，一直喂它们吗？毕竟虫子等到春天过后才会化蛹，那才是我需要的。

我把这些幼虫放到了树林里，等待明年夏天结束，我再去林子里收集那些活下来的蓑蛾幼虫，这样做不是更简单吗？

说做就做。

寒冬过后，夏日也转瞬即逝。金秋时节，我开始寻找蓑蛾。现在，它们的小外套都大得显眼，有三四厘米长。一些套子上有很多草茎和针叶，看起来就像蓬乱的小扫帚，里面还有一根长长的光秃秃的丝管。这是雄蛾幼虫的外套。相比之下，雌蛾幼虫的外套就更为平整，里面的丝管勉强可见，上头覆盖着很多碎叶子。

整个冬天，装有小袋囊的饲养箱都在寒冷的阳台上放着。开春后，天气转暖，白桦冒出了嫩芽，幼虫也蠢蠢欲动。快到化蛹的时候了，蓑蛾的幼虫开始爬行。它们这是要到哪儿去？有什么目的吗？如果不挪窝，就地化蛹也不是不可以。可虫子偏不！它们就是要爬走，雌幼虫表现得尤其明显，大家都在努力往上爬，而且越高越好。

眼下还剩最后一次关于幼虫的实验。如果我把它们的外套剥下来砸碎，虫子将会如何应对呢？

我小心翼翼地把幼虫从套子里取出。这可不是件容易的事，蓑蛾幼虫极力蜷缩，后退至套子深处。记住，这时千万不能用镊子夹住虫子的头往外拽！

我用一把很小的剪刀纵向剪开了丝制的外套。这是一次非常危险的操作，如果刀尖不慎稍微碰到幼虫，它就会受伤。因此必须小心谨慎地拉开外套，同时又不能让幼虫察觉，只能轻轻地剪，同时还要保持剪刀尖上翘，以免碰伤幼虫。

外套剪开了，我取出了蓑蛾的幼虫。无助的虫子光溜溜地躺在一小块滤纸上。我在它旁边放了一些草茎、干碎叶和针叶。

幼虫钻入这堆碎屑的下面。我把草茎略微地拨开了些，看到了碎屑下面发生的一切。幼虫摆动着它的脑袋，开始朝上、下以及两边乱撞。它的头部（或者说嘴巴）碰到哪儿，哪儿就会出现丝网。虫子一直在吐丝，网也随之向四面八方伸展开来，尽管如此，但它既没织出外套，也没鼓捣出草茎做的覆盖物。那一小堆碎屑仍堆在那儿，只有零星几根草茎被辗转反侧的幼虫挪动了位置。

我接着把第二、第三、第四只幼虫从外套中取出，它们看上去都不大机灵，笨手笨脚地在碎屑下织出了些莫名其妙的玩意儿。

又过了一般时间，幼虫还是没织出小套子。沙子上也只有一堆草茎，下面是一种类似于帐幕的丝网。

幼虫不知怎么地用这张丝网遮住了自己。但这张网的确织得马虎，只能将就着用。当然，幼虫也没法挪动这张网。再说了又怎么动得了？虫子已经用网把下面乱七八糟的碎屑跟沙子织在了一起，关键是，此刻的幼虫仍在继续编着这张网。

至于待在森林里的幼虫，那命运就悲惨了，第一天就被四处乱窜的蚂蚁猎获了。

可在饲养笼里，幼虫不会受到敌人的袭击。它会化蛹，然后再羽化成蛾子，但却断了往外爬的出路。

我拨开了其中一堆碎屑，小心翼翼地把丝幕剪开。里面有只雄蛾的蛹，被温暖的阳光一照，好像在向前爬动。但这种尝试不会带来任何益处——原先在丝管中，它可以沿着管壁向前移动；现在丝管没有了，蛹只能拱来拱去，它的头时时刻刻都只能靠在丝幕上。

雄蛾羽化后，始终无法从蛹壳里爬出，因为没有出口。

当然，这对雌蛾来说也是非常困难的事情。因为那里没有"后门"能让它从自己的房里探出身子。要是如果连房都没有的话，又上哪儿去找这个"后门"呢？

可怜的小家伙就这样一直被埋在缠着厚厚丝幕的草茎堆下面。

到底发生什么了？为什么蓑蛾幼虫没有把自己的小屋修好？它们为什么不再做一个新的外套呢？

万事皆有定数。

连续两个夏天，幼虫一直在不停地生长和建房，即使是在秋季，它们也忙着用丝把草茎贴在屋子上。所有这些事都是幼虫在早期完成的，那时的它们还在吃东西，在到处乱爬。

第二年的秋天过去了，第二年的冬天也过去了，第三个春天来临了。幼虫已经长大，是化蛹的时候了，幼虫的习性也因此发生了变化。

在春天正式化蛹前，幼虫已不再为自己的住所添砖加瓦，也不打算进行修缮。现在，它们都只专注于纺织工作，就是把丝质的小外套编成一张厚厚的罩布。虫子抛弃了盖房子的手艺，转行成了纺织工人。

按理说，小袋囊坏了，就得进行维护。可幼虫此时早就忘了修理之法，甚至已经不在意小袋囊是否出现了破损。

大家应该还记得幼虫尚小之时，几近饿死，但拒绝进食，直到为自己穿上外套后才肯吃东西。这是固执的表现吗，还是说脑子犯迷糊？当然都不是！

所有这些都源自虫子的本能，是一系列复杂行为的表现。这里不存在"昨天"或"明天"，只有"今天"。对蓑蛾来说，没有回头之路。已做之事不会再去重复，今日的蓑蛾绝不会再复刻昨日已彻底完结的工作。

倘若蛾子这样做了，换言之，在化蛹前为自己做好外套，那我们就可以说，"这不是本能，而是某种更加高级的思维。"

关于蓑蛾还可以说点什么呢？那些未受我干扰的幼虫最终都化成了蛹。然后又从蛹变成了蛾子，雌蛾之后又产下了卵。不过，我再没机会见证这个过程了，因为雌蛾都被我放回花园里去了。在去的路上，雄蛾一直伴飞在我的左右……

建筑师沼石蛾

蓑蛾的幼虫不是我们想见就能见到的。虽说它们也不是什么稀奇的虫子，但还是得花时间找，蓑蛾的成虫也是如此。以钩粉蝶为例，想必大家在林边的空地上都邂逅过雄钩粉蝶，但它的幼虫却生活在鼠李（一种植物）树上，各位可自己去搜寻这种绿色的毛毛虫。不过这种幼虫的颜色与叶子的绿色几乎融为了一体，没那么容易识别。

蓑蛾的幼虫有冬眠的习惯。即便待在温暖的屋子里，它们也不爱动，不想吃东西，更不会打理自己的小外套。要知道，观察虫子如何用草茎、针叶、碎叶来做外套是非常有趣的事情，特别是在寒冬时节，这一切都极其令人着迷。夏天到处都有各色各样的虫子，而冬天则一言难尽……哪怕遇到一只昏昏欲睡的苍蝇也是一件令人高兴的事儿。

有一种虫子倒是符合我们的要求，它们的幼虫不会冬眠，但栖息之所却跟蓑蛾幼虫的小外套类似。

这就是石蛾。

没准大家经常会与石蛾擦肩而过，或许还亲眼见过很多次。有时，你可能还会站在某个地方盯着它看，但是却叫不出这东西的名字。各位不妨再往下多读几行，肯定能回想起来……

石蛾成虫的外形非常普通。这是一种个头儿中等大小的昆虫，全身呈淡淡的棕色或褐色；它拥有四片暗色的翅膀，如同"顶盖"那般折叠在背上。它们还长着一对长长的、向前伸展的触角。落下不动的石蛾从外表上看好似一只大飞蛾。

要找石蛾的话，得去水边。它们一般都藏在水边的草丛中或是岸边的灌木丛里，而且白天都不怎么活动。即便受惊了，它们通常也不会马上飞走，而是左右摇摆着窜来窜去。这时，小巧的石蛾就如同飞蛾那样，时而灵活地规避，时而发出窸窣的声音。

等到了晚上，石蛾就开始活动。你经常能看到它们紧贴着水面飞舞，偶尔还会踩几下水或者掠水而行。凡是常去钓鱼的人都认识这种"小虫子"，因为当石蛾晚上飞过水面时，下方往往会出现鱼儿激起的涟漪。不光是小白鱼等各种小型鱼类爱吃石蛾，就连大型的诸子鲦和圆腹鲦也会捕食它们。

夜晚时分，小石蛾经常会在灌木丛上方和房顶的角落里盘旋。成百上千的石蛾上下飞舞着，在落日余晖的映衬下，从远处看就像是一团"蜂群"。有时，在离水域半公里，甚至更远的地方都能够看到这种"蜂群"。

那石蛾为什么偏要在这个房顶的角落里聚会呢？周围的屋顶和角落多的是，有一些离水还更近；可它们就是不去，而是出于某种原因选中了这个，然后又一窝蜂地跑来了。如果用网把它们赶走，蛾子马上会散开，但几分钟后又重新聚在了一起。为什么选这儿，却不选那儿？这就是石蛾的秘密所在。

石蛾成虫的寿命很短，只能活个几天或一礼拜，很少有活得更久的。

它们的口器很不发达，喝水只能靠吸，某些种类的石蛾甚至连水都没法吸。

如果石蛾不吃东西的话，肯定活不长，毕竟水可不能当饭吃。我观察后发现，如果不给饲养箱里的石蛾提供白水，而是喂食糖水的话，那它们就能活得久一些。某些种类的石蛾可以活两个月，甚至三个月。

石蛾的生活与水息息相关，它们的幼虫也都在水中生活。

雌蛾产卵的方式更是五花八门——有产在水面上的，有产在水下植物上的，还有些会趴在岸上，把腹部末端插进水中产卵。不少种类的石蛾卵簇中都含有大量的凝胶状物质。这种物质在水里会发生膨胀效应，从而把卵簇鼓成一团类似于蜗牛卵的东西。在萍蓬草和水莲叶子的背面，在水下的植物上，都可以看到石蛾的卵。这些卵簇有的像饼干，有的像圆球，有的像粗戒指。某些种类的石蛾会把卵产在垂向水面的植物叶子上。这些带有黏液的卵簇外表逐渐变干，成为硬壳后可以防止内部水分蒸发，保护虫卵免于变干。幼虫孵出后，很快便落入水中，在此之前，"凝胶"已经变稀，开始从叶子上一滴滴地往下淌。

天才建筑师

石蛾的幼虫要比石蛾的成虫有意思。河里、湖里、池塘里，甚至在积水的沼地水洼里或沟渠里都能看到它们的身影。即使你想抓上几只，也完全没必要用网去捞。大家只需跑到岸边，仔细观察水底的情况就行，如果这里真的有石蛾幼虫，那就不会难找。你大可直接上手抓，它们也跑不了，因为这些在水里游动的虫子大都不太灵活。

此类幼虫的特征就是拥有一根管型的外套，这就是它们用来藏身的"小房子"。不同种类的石蛾幼虫所穿的外套也各有差异。有些是用沙砾做的，有些是用介壳造的，还有些则是由植物碎屑建成的，不仅形状千奇百怪，而且建造方式也各有千秋。

湖里、池塘里、沼泽水洼里、岸边的水草里常能见到一种沼石蛾的幼虫。它们建房子用的材料是那些在水中泡黑了的碎树枝、碎叶子、云杉针叶和浮萍叶子。

在这些植物碎屑中偶尔还能看到水蜗牛的壳，但更常见的还是扁卷螺的小壳。有时壳里还住着活的蜗牛。幼虫收集的都是躺在水底的小介壳，其中一些可能还不是空的，而是有主人的房子。

石蛾幼虫的小房子通常都是双色的。春天里，虫子会拿绿色的浮萍和茎来建造房子，但这些东西在水中会逐渐褪成棕色，等到了冬天，还会继续变暗。待来年开春，幼虫又开始寻找新鲜的绿色植物来装饰房子。

幼虫从管状外套里伸出头和长着足的胸部，缓慢而笨拙地在水底爬行，伺机寻找食物和装点房子的建材。

由于幼虫用鳃呼吸，所以它们需要含氧丰富的水源。因此，在干净的流水中，尤其是在泉水和溪涧中，沼石蛾幼虫的数量非常之多。从它们的俄语名字来看，就能知道这是一种栖息在小溪附近的住客[1]。在静止的水域中，幼虫经常待在浅水地带的水底植物旁边，因为那里的水含氧丰富。

外套可以保护幼虫免受伤害和一些小型天敌的侵扰。哪怕是遇到极小的危险，幼虫也要把头和足缩进套子。可要是面对体形较大的敌人，房子就不顶用了，鱼儿可以连虫带房一口吞了。

幼虫从卵中孵化后就开始建房子。随着虫子的身体一天天长大，它经常对房子的前半部分修修补补，而后半部分却在一点点地被磨损。石蛾的小房子和蓑蛾的外套类似，后面都有个小洞。幼虫可以通过这个孔向外排出废物，而且这个小孔还有通水的功能。

每一粒用来制作外套的碎屑都像是被粘在一起似的。幼虫下唇末端有一块不大的裂片，上头分布着一些腺孔（跟我们在蚕身上看到的差不多），其中可以分泌出一种能在水里快速凝结的黏性物质。幼虫会把这种黏黏的东西涂在细砂、介壳和植物碎屑上，然后再把它们攒起来，一并粘到外套上。幼虫还会用这种黏性物质在套子内部铺一层垫子，就好比在小房子内墙

---

[1] 俄语中"石蛾（ручейник）"一词的词根就是"小溪"之意。

上糊上了一层光滑的丝质壁纸。

在水族箱里饲养石蛾幼虫也不算难，只要提供含氧丰富的水源就行。想要做到这一点，可以在里面栽种些水生植物，并尽量保持水体的清洁，如果有换气设备就更好了。喂幼虫吃生肉泥是最简单的饲养方法，但由于这种饲料会使水质迅速变坏，所以一次性不能投放太多，最理想的状态就是幼虫将它们全部吃光，丝毫不剩。此外，不能把肉泥留在水族箱里过夜，务必用新鲜的肉泥替换。

观察幼虫如何在水族箱里做外套也并非难事，而且这种实验要比在蓑蛾幼虫身上进行的容易得多，而且冬天也能做。

然而，在观察的时候，水族箱用起来不太方便，因为如果从上面看的话，隔着很厚的一层水；从侧面透过玻璃壁看的话，又不太清楚。

放大镜在这里也没有什么用，根本帮不上忙。

事实上，在观察前只需准备一只玻璃小碟，或者再简单些，一只厚盘子就行，就当是幼虫的居所。碟子底部可以放上些用来造房子的建材，但碟子本身得搁在白纸上，这样做是为了看得更清楚。水不用放太多，高出小房子大概一厘米就行。

加水后，需要把幼虫从套子里撵出来。方法是使用树枝的钝头或大头针的圆头把虫子从小房子后面的孔洞里捅出来。操作的时候要格外小心，以免伤到幼虫。到最后，不堪惊扰的虫子自然会从套子里爬出来。

倘若不及时挪开套子，幼虫还会再次爬进去躲起来。尽管这项实验看起来无足轻重，但大家也不妨试一试。

瞧，幼虫眼下又在套子周围转悠，它先把头探了进去，而后又缩了回来，等爬了会儿后，再次把头探了进去……幼虫最后掉转方向，将腹部的末端滑入套子，就这样倒着回到了小房子里。

可要是小房子消失了，那又会发生什么呢？

那样的话，惊慌失措的幼虫就会在碟子底部乱爬，到处寻找小房子。至于后来它们为什么不再找了，原因很难解释。如果这是在描述寻找丢失之物的人，那我们可以说是"找烦了""相信东西再也找不回来了"。可对于幼虫却不能这么想，它们毕竟不是人类。但现实是，一段时间后，幼虫就真的不再继续寻找了。

现在，幼虫开始用嘴和足拖拽着各种植物的碎块，随后，又吐丝将这些东西都粘在了自己身上。

很明显，幼虫正急着找地方躲起来，藏匿的地点已不重要，别人看不见就行。

这种"临时性"的套子既没固定样式，也没内部垫层，看上去只是一小堆杂乱无章的植物碎屑，勉强被粘在了一起。由于幼虫迫切需要一个临时避难所，因此它建造的速度也极快，大概一个小时就搞定了。虽然这栋宅子造得不怎么合理，但幼虫躲进去后便恢复平静。它在里头稍稍休息了一会儿，还吃了点东西，然后就着手修建永久性的住宅。

此时的幼虫已不像修建临时避难所那样见什么就拿什么

了，而是开始认真地挑选建材。每当它咬住一根草茎或一片碎叶子后，总是习惯性地把到手的东西翻来翻去，还要打量一番看是否符合要求，可以的话就会啃下大小合适的一块。接下来，幼虫把套子的内侧和外侧都抹上了腺体的分泌物，然后又把选好的碎屑粘在了临时套子的前缘处。

幼虫在一块块地安装碎屑的同时，也没忘了对小房子的丝质内壁进行扩建。这样一来，随着套子外壳的不断加长，其内侧的"壁纸"也在跟着变长。

有些种类的石蛾只需三个小时便可建好一座宅子，而有些则得花好几天。

套子造好后，幼虫也入住了。可临时的窝棚却还一直粘着后建的宅子。要知道，幼虫着手垒新墙时，顺手就把它粘在了临时窝棚的前缘。因此，在之后的一段时期内，这个粗糙的套子就一直跟在新房子的后头。但过不了多久，这东西就会自行脱落或者被幼虫自己咬掉。

其实还可以强迫幼虫用它们看不上的料子做外套。这些小家伙一旦被赶出屋外，自会收集纸屑、碎布、花瓣来建造新居，只要这些碎屑尺寸合适或者能咬动就行。即便是碎蛋壳，只要大小合适，蛾子也能用来做套子。至于蛋壳的尺寸究竟该做多大，想知道也不难，用大头针拨开先前的小房子看看即可。

我做过好几次尝试，都是强迫幼虫使用不同的建材来造房子。一开始，我把水族箱里的幼虫都挪到了一个玻璃显影槽中，就放在一块小凹碟上。在这间临时居所的底部，我提前放上了一些用来做外套的材料，又把那些大大小小的料子都切成了圆形、方形和条状的碎块，有些还撕成了不规则的形状。这回只让虫子自己选。

东西都准备好了，我把幼虫从套子里撵了出来。幼虫在碟子底部跑来跑去，但就是找不着套子，最后还是决定叼取现切的碎片来遮盖身体。不用说，跟原来一样，它又新修了个临时避难所，继续躲在一堆碎屑下方。等过了一会儿，它才开始建造永久性的小屋。幼虫现在可不会再将就了，而是学会了东挑西拣，甚至可以说，变得非常挑剔。可我仍未彻底搞清一个问题：为什么它们只钟爱这堆材料，却看不上剩下的呢？

有些材料尺寸偏大，但幼虫正是因为这点才决定选择它们。虫子开始拼命地折腾，但无论怎么调来换去，终究还是没法装上，这东西毕竟太大了。幼虫试图咬掉多余的部分，无奈，它的颚部怎么也咬不断那么厚的纤维。幼虫不断调整方法，在多次尝试未果后，它才放弃努力，不得不去寻找下一块材料。

对于习惯用细砂做套子的幼虫，可以给它们提供小玻璃珠、捣碎的玻璃屑和各种质地坚硬的小碎粒，幼虫会利用这些材料建造出一座漂亮的彩色小屋。如果我们分批提供玻璃屑，比如先给一种颜色，然后再给另一种，那幼虫自然就会盖出一根由彩色玻璃环构成的小管。

幼虫能一切任何出人意料的材料来建房子。即便没有植物碎屑，它们也会去水底寻找其他材料来装点外套。

石蛾幼虫的外套不仅拥有居住功能，还附带伪装效果。由于建造时用的都是水底常见之物，因此这种房子可以为居住者提供良好的掩护。要知道，在积满淤泥的水底，在腐烂的植物残渣中，一个用碎叶和残枝打造的套子是很难被天敌发现的。即使是在铺满细砂的水底，砂粒做成的小管也不是立刻就能被辨认出来的。

幼虫用彩纸做套子时，采用的仍是水底常见的材料。尽管彩纸是一种不太寻常的建材，但这其实是一种变相的伪装，可以很好地嵌入周围的环境。然而，并非每只幼虫在挑选制作套子材料时都这么随意。不同种类的石蛾幼虫各有各的习性，对那些长期生活在细砂套子中的幼虫而言，绝不会选用碎纸或碎叶子。

石蛾幼虫有越冬的习惯。它们一般在春天或初夏化蛹。化蛹前，幼虫会先吐丝把套子的两头堵上，但塞得并不严实，通常还会预留出两个小孔，看着就像房里的通风窗，水也可以从中流过。

石蛾的蛹从外表上看跟成虫很像，只是翅膀略小一些。蛹的一些器官日后也会变为成虫的器官，但还有一些器官则是蛹特有的。

复眼、长触须、足、翅膀，这些都是未来成虫的器官。

蛹的上颚非常发达，上唇长满了上翘的刚毛。这是用来清理房子前端小孔的工具。当小孔被淤泥堵住时，水流通过得就慢了。水的流速一旦下降，蛹能获得的氧就变少了。此时，幼虫开始转动脑袋，并用上唇的刚毛清理"通风口"。另外，为了打扫后端的小孔，虫子的腹部末端也进化出了刚毛和刺突。当然，这些全都是蛹的器官，因为成虫根本用不着这些"刷子"。

住着蛹的小房子需要在水底待上大约一个月。等到了孵化的日子，蛹就会用自己强壮的颚部把房子的前门撞开，从里面爬出来。要是各位遇见了一只会蠕动的虫蛹，真没必要大惊小怪，毕竟从来也没人说过虫蛹不会动。

为了达成目的，蛹蹬着腿，朝水面游去，最后在一根植物的茎条或某些长出水面的东西上停下了脚步。脱离水面后，蛹的背部裂开了一道缝，从里面爬出了一只成虫。有时候，蛹会贴着水面游动，把背部暴露在空气中，这样成虫也能顺利爬出，就跟蚊子从蛹中爬出来一样，而且成虫在身体变得足够结实前，会一直趴在蛹壳上，就像在坐木筏子。但最常见的情况还是蛹爬到岸上去羽化。

受骗的毛毛虫

　　早春时节，我们最先可以看到两种蝴蝶，一种是白色的，一种是花色的。这里提到的白蝴蝶堪称大都市街道上的常客，至于花蝴蝶，则只是偶然闪现。原因很简单，花蝴蝶的幼虫以荨麻为栖息地，可这种植物在大城市里却并不多见，而这也是花蝴蝶颜色的成因，它前翅的翅尖是暗色的，上面还分布着黑色的斑点。它的名字我先不透露……

　　有很多人都觉得，"翅膀上有点黑色东西的白蝴蝶就是大菜粉蝶"，而在秉持这种看法的人中，不仅有只知晓三两个最简单蝴蝶名称的学前儿童，还有正在上学的孩子以及"毕业了很多年"的成年人。如果是在夏天，他们猜对或猜错都有可能，但若是在春天，当第一批粉蝶开始飞舞时，这些人恐怕便要猜错了。

　　最早来到城市里溜达的白色蝴蝶根本就不是大菜粉蝶，而是它们的"表亲"，即纹白蝶和暗脉菜粉蝶。它们出现的时间要比大菜粉蝶早一到两周。

　　这两种蝴蝶的体形比大菜粉蝶略小，翅尖及翅膀上的斑点都不是黑色的，而是灰色的。

大家在夏末是遇不到大菜粉蝶的，不过在卷心菜地里倒是能看到它们的幼虫。

"卷心菜虫"可谓种菜者的老相识。有的时候，菜畦上竟见不着菜苞，只有一束束叶脉孤零零地立在那儿，因为贪婪的毛毛虫把叶子的其他部分都啃光了。当然，这种情况只会出现在没有采取防虫措施的地方。

大菜粉蝶是一种十分常见的蝴蝶。在俄罗斯阿尔汉格尔斯克近郊、波罗的海沿岸以及伏尔加流域都能见到它们的身影。至于乌拉尔山以东一带，只有西西伯利亚的个别地方才是大菜粉蝶的栖息之所，且都越不过伊尔库茨克的地界。虽然大菜粉蝶在当地颇为罕见，可那里的纹白蝶和暗脉菜粉蝶却并非稀客。

那么，春天去哪儿才能找到大菜粉蝶呢？

它们的幼虫一般只待在卷心菜地里，化蛹时才会窜到别处。因此，这种蝴蝶经常会在菜园附近出现。可是，春天的菜园里却很少能见到大菜粉蝶的踪影。

这是为什么呢？要知道，如果它们那时待在园子里的话，根本就无事可做。

蝴蝶需要进食。它们主要吃富含糖分的甜汁，即花蜜。可春天的园子里哪长得出什么花呢，就连菜畦都是光秃秃的，但这就是毛毛虫要面对的现实。

由于园子里的东西养不活它们，蝴蝶就只好去其他地方寻找花朵。此外，春天的时候，蝴蝶不能在卷心菜上产卵，因为普通园子里的菜苗都还没长出来，这也是春天菜园里少有大菜粉蝶飞舞的另一个原因。

那它们会往哪里飞呢？当然是去那些可以为自己和幼虫提供食物的地方。

大菜粉蝶的幼虫不仅以卷心菜为食，且凡是十字花科的植物都在它们的食谱上，比如芜菁、洋蔓菁、小萝卜、芥菜、欧洲油菜，此外还有山芥、野萝卜、荠菜以及其他所有十字花科的莠草。

眼下地里的卷心菜还没插苗，只有一些稀稀拉拉的芜菁和洋蔓菁叶子。那也无妨！大菜粉蝶自会去田里、荒地或菜园附近遛弯儿。我来到莫斯科郊外，看见在一些杂草丛生的田野上，像是被洒了一层黄色的东西。这是山芥开花了，大菜粉蝶都纷纷朝着花儿的方向飞去。它们不仅吸食山芥花的花蜜，而且还习惯在上面留下自己的后代，就是说会在这种花上产卵。

至于野生的十字花科植物，也就是我们常说的十字花科莠草，则为所有喜欢糟蹋卷心菜、芜菁、萝卜和其他十字花科蔬菜的害虫提供了温床。善于在春天祸害芜菁和萝卜秧子的跳甲虫、包菜蚜虫、包菜叶甲虫（又叫辣根猿叶甲）、纹白蝶、暗脉菜粉蝶、甘蓝夜蛾、小菜蛾等都靠啃食十字花科莠草为生，而且这些家伙还会以此为跳板再去洗劫菜园。只要园子附近有山芥、遏蓝菜、野萝卜和其他十字科杂草存在，菜畦日后就一定会受到威胁，因为这些烦人的东西总会不请自来。

夏日舞者

相比盛夏时节，春天观察大菜粉蝶会更加困难。因为这种蝴蝶在春季较少现身，而且还都在不同地方游荡。等夏天过半，特别是当第二代大菜粉蝶降生后，对它们的观察就会变得容易一些。那时，大菜粉蝶的数量将远超以往，且多在园子里的卷心菜附近活动。

当然，每个人都只会选择自己比较方便的时候去观察蝴蝶，但最好还是选春、夏、夏末这三个时节。如果刚入夏那会儿碰巧错过了，那就等下一个轮回。

那应该从何处开始呢？

大菜粉蝶的生活始于外出寻找食物那一刻。观察大菜粉蝶如何吃东西，怎样吸食花蜜并不会多费劲。只要稍加留意，自然就能看到有蝴蝶在你面前吮吸花蜜。

其实在室内的饲养箱里也能进行观察。

大家不妨捉一只大菜粉蝶带回家，把它放入饲养箱内。当然，无论是把它从捕虫网挪至小盒子，还是最后转移到饲养箱里，整个过程都得小心谨慎才行。可别把这个小家伙压坏了，而且在擦拭其翅膀上的花粉时动作也得轻柔，万一不小心把蝴蝶弄残废了，那此番操作还有什么意义呢？

接下来，你们可以再将一枝开花的山芥放在饲养箱里，大菜粉蝶向来都爱吸食十字花科植物的花蜜。为了防止花朵枯萎，还需把山芥插到水瓶里养着。

做完这些后，我们就可以在饲养箱边上等着了。

如果幸运地碰上一只饥肠辘辘的蝴蝶，那就不用干等上几个小时。可要是它不饿呢？那就只能等蝴蝶饿了再说，可以先把山芥花从饲养箱中取出，静置一旁。一两天后，等蝴蝶觉得饿了，那就再给它"食物"，倘若大菜粉蝶这时真想吃东西，它自然会开始吸蜜；如果还没太饿，那就再坚持一天……

之后，我们会看到什么样的场景呢？山芥的花很小，聚在一起形成了花序。大菜粉蝶可以同时在好几朵花上落脚，但吸食的却只是其中一朵花的花蜜。落到花上后，蝴蝶展开了自己的口器，随后便插入花冠的深处。过了一会儿，它把口器从花冠中抽出，然后卷了起来。大功告成！

或许蝴蝶很快就会开始吮吸第二朵花的花蜜，同样的情形会再次出现。

在菜园里看大菜粉蝶如何产卵是比较容易的。无论是在春天（得有秧苗，能在温室里更好），还是在夏天（菜畦里长着卷心菜），都可以留意一下蝴蝶是否有产卵的迹象。

如果大菜粉蝶要产卵的话，是一定会出现征兆的。

你们仔细观察一下卷心菜地，看看是否有大菜粉蝶在飞舞。这种白色的大蝴蝶从老远就能瞅见，很容易发现。那这会儿正在飞的是雄蝶还是雌蝶呢？要区分它们也不难，雌蝶前翅中间有黑色斑点，雄蝶则没有（但不管是雄是雌，它们前翅的翅尖都是黑色的）。即使是那些正在飞舞的蝴蝶，身上的斑点也依然清晰可见，不过这需要走到近处才能看清。

菜畦上方的雌蝶当然不是在单纯地飞来飞去。它们在卷心菜上空飞舞的同时，还在寻找可以落脚的菜叶子。大菜粉蝶习惯在叶子背面产卵，但并非每片叶子都合乎要求，所以说，不是随便找片叶子就能应付的。枯萎发黄的叶子固然是不行的。蝴蝶可能对叶子设置了特定的"标准"，因为它们有时看上去非常挑剔。

雌蝶在菜畦上方绕来绕去，还时不时在卷心菜上落脚，这正是我们提到的那种"征兆"。飞来飞去、偶尔落脚，说明它正忙着找地方产卵。

靠近前方的菜畦时，你们的脚步要轻，之后就可以静静地站在那儿等。

蝴蝶下来落脚了，可立马又消失了。这时，你们千万别动，也别想着去找。保持镇定，眼睛盯着叶子即可。

蝴蝶就在眼前，哪儿也没去，只是我们没能在第一时间注意到而已。但如果仔细观察的话，最后还是可以找到的，等亲眼看到了，大家自然就明白是怎么一回事儿了。

在菜叶上落脚以后，大菜粉蝶合起了翅膀。不仅如此，它还把前翅往后挪了挪，将大部分前翅都夹在了后翅中间。如果以叶子背面为衬景来看的话，后翅就谈不上是纯白的，反倒更像蒙上了一层黑灰。收拢翅膀后的蝴蝶在卷心菜叶上不太容易识别，因为翅膀的颜色具有很强的"隐蔽性"。尽管不像其他一些蝴蝶具有"欺骗性"特征——比如人们几乎无法辨识趴在树皮上的雌夜蛾，但合拢翅膀后的大菜粉蝶也算是隐蔽高手了。

大菜粉蝶落脚后，一直夹着翅膀待着。可还不到一分钟的工夫，它就抬起腹部，弯成了弓形。有那么一会儿，蝴蝶用腹部末端碰了碰叶面，又微微抬起。于是，叶子上便出现了一粒浅色的卵。

蝴蝶产卵的频率为每分钟三至四次，只要它的腹部末端碰一下叶子，那上面就会多一粒新卵。大菜粉蝶把它们一粒挨一粒地放着，最终连成了一大片"斑块"。卵是"立"在叶子上的，因为蝴蝶在把卵排出体外前，会从腹部分泌黏液将卵粘住。

那大菜粉蝶究竟会产多少粒卵呢？这取决于两个因素：一是要看有多少卵已经成熟，二是要看它暂停一次后还能产下多少。

一旦大菜粉蝶受惊了，它就会停止产卵，立刻飞走。事实上，蝴蝶很快又会来到另一个地方落脚，在没有外界干扰的情况下，雌蝶将产下体内所有已经成熟的卵，这些新卵到时候都会粘在一块儿，连成一片。

因此，每堆卵的数量都没有定数。假如不去惊扰蝴蝶，让它在叶面待上半个钟头，那么产下的卵大概就有一百来粒。可要是一开始就把蝴蝶吓跑了，那之后可能就只有十几粒。但无论采取何种方式，单次或多次，大菜粉蝶都会把已经成熟的卵全部排出。产完卵后，它就飞到花丛中吃蜜去了。等过几天，蝴蝶又会产下新的一批卵。

一只大菜粉蝶总共能产下二百五十粒卵。

刚诞下的卵通体雪白，不过很快就开始发黄，一天之后竟又变成了柠檬色。这片黄色的卵在绿色的叶子上非常显眼。

大菜粉蝶卵的外形酷似顶部被拉长的酒桶，一只被折断了细颈的瓶子。卵的尺寸不能说很小，因为长度有 1.25 毫米左右，直径也有 0.5 毫米左右。

借助放大镜我们可以看到，在卵壳的表面长着一些纵向的脊纹（共十六根），脊纹与脊纹之间还分布着许多小横梁。整体而言，就如同一只装饰精致的小酒桶，只可惜人们得用放大镜才能看清其中的细节。

大家在夏初寻找大菜粉蝶卵时，可不要把它们与另一种害虫（甘蓝夜蛾）的卵弄混了。那些卵也是成片地堆在叶子背面，虽然颜色同样偏黄，但却矮矮的，整体呈半球形。就其中的个体而言，甘蓝夜蛾的卵由于顶端向前拉伸，从而形成了一个结节状的外观，且浑身上下都呈浅红色。

我们可以把带有大菜粉蝶卵的菜叶放在饲养箱或罐子里，静候幼虫破卵而出，之后慢慢地把毛毛虫养大，看着它们成蛹、化蝶。这项工作不会费多少劲。

等再过一周或一周半，关在饲养箱里的蝴蝶卵就能孵出毛毛虫了。这里的"一周、一周半"看似平淡无奇，但实际上却包含了不少说道。大家想，为什么有时是一周，而有时又是一周半呢？什么因素可以影响胚胎在卵中的发育时间呢？很明显，是温度。昆虫一生中有很多事情都取决于这个条件。

那这种结论又是如何知晓的呢？其实只要做一个简简单单的实验即可证明。

事前需要准备若干组片状的大菜粉蝶卵堆、同等数量的罐子或饲养箱以及一支温度计，以上就是实验所需要的一切。首先，我们可以在每只箱子（罐子）里放置一片带有卵堆的卷心菜叶。接下来要给每只箱子寻找一个合适的实验场所，而且这些地方应该在温度上有所差异。姑且先分为三处：一处凉爽、一处温暖、一处炎热。夏天的时候，凉爽的空间要比其他两个场所都要难找。不过地窖、凉爽的地下室倒是进行实验的好地方，至于暖室，普通的房间就行。厨房、铁皮屋顶的阁楼则可充当热室。

在以上三处各放入一只带卵的箱子，然后大家就可以开始实验了。注意，一定要监测好温度。在凉室，温度一日之内都相当稳定，但暖室和热室的情况则不然。例如，阁楼里白天的温度要比晚上高得多，同样的，厨房里温度变化的幅度也不小，就连暖室内温度计的数值都会出现波动。在凉室，每天做一次记录就行；在热室，则需做三次（早上一次，最热的时候一次，晚上铁皮屋顶降温的时候一次）；至于暖室，做两次记录即可（早晚各一次）。温度计准备一支就行，可以随身携带，用在不同的房间。

当然，还得记下蝴蝶产卵的日期，且数据必须精准，因为这是按天数计算的，一旦出现纰漏，则前功尽弃。另外，还必须准确记录毛毛虫从卵中孵化的时间。

这项实验将证明，温度越高，胚胎发育得就越快。由于仲夏比春末、夏初都暖和，所以虫卵发育的季节周期也会随之改变。此外，天气因素同样能对胚胎发育造成影响，毛毛虫会因持续的降水而晚孵化几天，但晴热高温却可以加速孵化过程。

在毛毛虫孵化前的几个小时，卵开始发白，顶端（虫子头部所在的位置）也变成了棕色。如果想观察毛毛虫如何从卵中爬出，这个信号尤其重要。它还能帮助大家提高记录的准确性。

毛毛虫出生的日子到了。那片黄色的卵堆早已发白，由于此时卵的顶端都变成了棕色，所以从后面看还显得有点脏。

再过一两个小时，毛毛虫就要出生了。大家暂时不要远离箱子，因为孵化过程进行得非常快，哪怕只离开一小会儿，也很难看到毛毛虫破卵而出的画面。

此时，我们可以从罐子或箱子里取一片带卵堆的菜叶放在面前的桌上。毕竟，在箱子里是看不到全貌的。要知道，无论是卵，还是毛毛虫，都小得可怜。大家必须全神贯注地盯着它们看。

当然，只凭自己的肉眼是不够的，我们还得用上放大镜，否则真的很难看清。各位记住，如果你有心想观察昆虫如何生活，那就务必准备一个放大镜，哪怕只能放大五倍也好，且焦距要长。因为放大镜离昆虫越远，我们观察起来就越方便。如果要观察毛毛虫破卵而出的过程，可以使用焦距更短的放大镜，毕竟小毛毛虫可不会被放大镜吓跑，卵就更不用说了。

当大家遇到已经发白的蝴蝶卵时，没必要立马就用放大镜去观察，不然一看就得好几个钟头。开始时，用肉眼看即可，一旦发现有孵化迹象，再用放大镜观察也不迟。

现在，一粒虫卵棕色的顶部忽然出现了一个小窟窿，而且里面似乎还有什么东西在动。注意，这就是孵化开始的信号！

不过，这粒卵的周围仍没什么动静，附近虫卵的顶端目前也看不到任何孵化的迹象。大家这会儿千万别把放大镜从卵上移开，视线也要继续停留在放大镜上。

等过了几分钟，在卵的顶部——差不多就是它开始收窄的位置，出现了一个勉强可见的黑色小点。然后又过了一分钟、两分钟……接着出现了第二个这样的小点。再过几分钟，大家就可以看到，或者更准确地说，能猜到这是毛毛虫的颚。

此时，小毛毛虫啃起了卵壳，想要出来。它的颚部在不停地咀嚼，一开一合。随着毛毛虫不断用颚部啃食卵壳的边缘，顶上的窟窿也越来越大……

窟窿里出现了一个黑色的小脑袋。它的样子就好像是从窗口往外钻，接着还露出了自己的足，第一对、第二对、第三对……毛毛虫正弓着身子朝外爬。它也用不着强行挤过窟窿，虽然虫子长了个大脑袋，可如果头能顺利通过窟窿，那躯干就更容易通过。毛毛虫弓起身体不是因为洞口太窄，它只是在朝外边爬而已。

毛毛虫体长不到2毫米（约1.75毫米）。所以说，要是没有放大镜，你能看得清楚吗？

毛毛虫从自己的"阁楼小窗"向外张望，然后一跃而出。很快，这片卵堆上就布满了大脑袋的虫宝宝，它们并不急着爬向别处。休息一会儿后，毛毛虫吃上了此生的第一顿饭。

它们的首餐就是卵壳。

饲养箱里有一片粘着卵堆的碎叶子，它是几天前从一株卷心菜上剪下来的，所以早就干透了（有时，整片叶子在剪下来之前就已经干瘪了），所以就算是长大的毛毛虫，都不屑于吃这类食物，更别说那些刚孵出来的幼虫了，它们更不愿下口。毛毛虫都爬走了，去寻找食物了……它们看起来很慌张，因为没有东西可吃。现在要是丢给它们一片新鲜叶子，保准一哄而上。

如果这是在园子里的菜畦上，毛毛虫吃完卵壳后，马上就能享受到新鲜的美味，毕竟它们身下就是卷心菜叶子。它们会大快朵颐，大口啃食叶肉。

由于卵堆位于叶子的背面，所以毛毛虫出生后也会继续待在那儿。所有的幼虫都在此处生活、觅食。它们小时候食量还不算大，一片叶子能吃上好几天。

等再过四五天，就到了毛毛虫第一次蜕皮的时候。

蜕皮前，毛毛虫的行为发生了明显的变化——它们会停止进食，也变得不爱活动。之后就准备进入蜕皮阶段。

要知道，即便是躺在地上或在其他水平面上，蜕皮都并非易事，所以说在叶子上蜕皮就更难了。毛毛虫身处菜叶的背面，如果叶子向一边弯折得厉害，甚至还垂向了地面，那毛毛虫就如同把家安在了天花板上；倘若叶子是"立起来"的，那就好比把家挂在了墙上。

　　蜕皮之前，毛毛虫会来到质地较为坚硬的叶子上安家。现在，它不仅用上了足，而且还吐出丝线把自己缠在了叶子上。蜕皮的过程会持续大概一昼夜。此外，毛毛虫的颜色也有所变化，起初是灰色，后来越变越深。虫子头部后侧的老皮最先破裂，接着从缝隙中钻出了一个脑袋，随后整个毛毛虫都爬了出来。蜕下的旧皮仍留在叶子上，其中既有来自躯干部位的皮肤，也有来自足部的"脚套"，还有以前罩在脑袋上的"头套"。

　　蜕了皮的虫子一连好几个小时都不动弹。直到身体变结实了，它才开始活动，再次吃起了东西。

　　蜕皮结束后，毛毛虫的颜色出现了新的变化。刚孵出来时，它通体呈赭石色，头部是黑的，身上有少量的刚毛和绒毛。等过了些时候，毛毛虫的体表就变成了蓝绿色，上面还新长出了三条纵向的黄色条纹和许多黑点，不仅如此，虫子体环间的隆突上还分布着许多直立的刚毛。

　　四五天后，毛毛虫将迎来第二次蜕皮。

　　它一共要蜕四次皮。刚入夏那会儿，毛毛虫得经过四周才化蛹；待夏天过半，它的发育速度几乎提高了整整一倍，在两周到两周半的时间里就化成了蛹。

　　不难看出，温度的确会影响毛毛虫的发育速度。如果把一只装有毛毛虫的箱子放在热室，另一只放在冷室，那么后者的发育速度就会明显落后于前者。

　　在第二次蜕皮之前，毛毛虫家族开始分道扬镳。现在，它们已经不是整窝地生活在一起，而是三三两两地凑在一起过日子。

第三次蜕皮后，毛毛虫就开始了独居生活。

幼小的毛毛虫并不惹人注意，因为它们一直都生活在叶子的背面。不过，成熟的毛毛虫却已经来到了叶子的正面活动，所以大家一眼就可以看见它们的身影。

菜叶子上那些又大又肥的毛毛虫从老远的地方就能瞥见，想必它们都是很受鸟类欢迎的猎物吧。其实不然！鸟儿才不愿意去捉大菜粉蝶产下的毛毛虫。

瞧，眼前就有一条差不多已经成熟的毛毛虫在啃食卷心菜叶。俯身靠近去看，虫子也没什么反应，可要是故意触碰一下，虫子立马就不动了。这家伙既不打算蜷缩自卫，也不急着从叶子上滑走，只是一动不动地趴在那儿。倘若这时再次触碰毛毛虫，它就会弓起身子，抬起躯干，然后把头一扭，顺势从嘴里喷出一股带泡沫的绿色液体，意在借此弃唾之法以退强敌，而且这种液体还是虫子打嗝时打出来的。

大菜粉蝶的幼虫身上有一个毒腺，长在躯体的顶部，就位于头部和第一节胸环之间的褶皱处。这个毒腺能分泌出一种刺激性的液体，毒性很强，如果手里现在拿着几十条毛毛虫的话，指头马上就会开始发痒，有时甚至还会肿胀，手指上的皮肤也会变红、发炎（所以不要徒手去捉卷心菜上的毛毛虫）。

它们吐出的绿色液体中也夹杂着这种毒液，因为毒腺就紧挨着毛毛虫的口器。这样的毛毛虫通常都难以下咽，大多数鸟类也都拒绝食用。

我们可以通过实验来证明鸟类确实不愿意捕捉大菜粉蝶的幼虫。但最好是在鸟儿筑巢的繁殖季进行，因为那时鸟爸爸和鸟妈妈需要大量食物来喂养雏鸟，它们会竭尽全力来寻找昆虫。麻雀、红尾鸲和白鹡鸰都喜欢在人类活动的地方附近筑巢，还会去园子里的小菜畦上捉虫子，所以刚好可以参与这项实验。不过，光靠几只大菜粉蝶的幼虫还是不够的。鸟类拒绝食物的原因可以有很多，或许是对猎物不寻常的外观感到困惑，或许只是单纯不喜欢盛食物的"盘子"，但也可能是出于别的什么原因。

鸟儿在此必须做出选择。因为唯有如此，我们的实验才能揭示出一些具有价值的东西，所以毛毛虫也要多挑几种才行。但这并不是说咱们来者不拒，关键还得符合鸟儿的口味。目标毛毛虫应该无毛（许多鸟类不吃多毛的幼虫）且颜色适中，比如绿色、棕色或灰色，毕竟鲜艳的颜色往往都预示着糟糕的味道。

我们可以把选定的毛毛虫置于小木板上依次排开。当然，不是说随便拿块木板都符合实验的要求。新鲜板材的亮色可能会令鸟儿感到费解，所以还是使用陈旧的灰色木板保险。

我们可以用细针来固定毛毛虫，也可以用强力胶把它们粘住。实在不行的话，用丝线把虫子"缝"在木板上（线的两端都提前粘在了木板上）也成。用何种方法固定毛毛虫不重要，关键是得让毛毛虫活着，同时还要确保那些用于固定的东西不会把鸟儿吓跑。

这块木板应该放到容易被鸟儿看见的地方。我们现在可以观察它们如何享用毛毛虫：是按顺序挨个吃，还是挑着吃呢？

对于毛毛虫来说，即便"绿色液体"具有刺激性，但光凭这东西也还是救不了自己。鸟儿为了尝一尝猎物的味道，肯定会用嘴去啄，这一啄给毛毛虫造成了致命的伤害。就算鸟儿当场从嘴里吐出虫子，它到最后还是会因伤而亡。

要知道，拯救虫子的其实是它们体表的颜色。大菜粉蝶的幼虫那鲜亮的颜色就是一种典型的"警告"。之前尝过这种虫子的鸟儿再也不会去碰它们第二次，因为猎人都记住了上回的教训。何况鸟儿对艳丽斑驳的色彩一向都十分警惕。

刺鼻的气味也是一种防御手段，但不适用于已经落入鸟嘴的倒霉蛋。对大菜粉蝶的幼虫而言，这种防御机制具有"群体覆盖"意义，是对整个毛毛虫"部落"的保护。虽然单只毛毛虫在遭遇鸟类时必死无疑，但大菜粉蝶"部落"却可免遭此劫。一只毛毛虫牺牲了，换来的则是整个族群的生存。

大菜粉蝶的幼虫专吃十字花科的植物。它们宁愿饿死，也决不会吃荨麻、白桦、甜菜根、椴树或其他任何非十字花科的植物，却不拒绝食用木樨草、金莲花和刺山柑。

你们可以尝尝卷心菜、芜菁叶、白萝卜叶和小红萝叶，也不要忘了山芥、遏蓝菜、野萝卜和其他任何你能找到的十字花科杂草；用手指揉搓它们的叶子，闻一闻。这些植物都拥有十分独特的味道和气息。卷心菜和芜菁、小红萝卜和芥菜、油菜和芜菁甘蓝都各有特点，但在这些差异性当中仍存在着些许共性。在未见到具体植物的情况下，只需闻一闻或尝一尝，即可得知该植物是否属于十字花科。

大家不妨试着做一下这个实验。取几片卷心菜叶，挤出汁液，将其涂在椴树叶、枫叶或车前草的叶子上，然后把它们丢给毛毛虫，结果虫子还真把这些叶子吃了。

在草地、杂草丛生的田野、路边和垃圾场边都可以看到匙荠。它的茎很高（一米或者超过一米），挺拔而粗糙，上半部还有分枝，茎的表面还长满了小疙瘩和绒毛。匙荠靠近根部的叶子很大，下半截叶缘有很深的缺口，呈锯齿状。叶子的上端是柳叶刀形的。每年五月中旬至七月底，匙荠都会开出黄色的小花。

我们可以找一株匙荠，从它的叶子里挤出汁水。大菜粉蝶的幼虫甚至连浸泡过匙荠汁的软纸片（滤纸做的）都会啃食。

为什么会这样呢？因为凡是十字花科的植物，都含有一些特殊的物质。它们赋予了植物以"卷心菜和萝卜"特有的味道和气息，对大菜粉蝶的幼虫而言，这些正是"食物"存在的标志。

木樨草和金莲花也含有这种物质，这就是为什么毛毛虫会啃食它们的叶子。

对于大菜粉蝶来说，气味就是信号。可以试着用蘸过卷心菜汁"香味"的植物来欺骗它，或者选用更好的匙荠。

毛毛虫始终都牢牢地趴在卷心菜叶上。当把它拿起时，虫子不是被简单地"移走"的，而是被"扯下来"的。

"抓得松些"或"抓得紧些",这似乎不是什么大事,但真有那么重要吗?

当然重要!不过对我、对别人倒无妨,可对毛毛虫却不然。如果它抓不住叶子,很容易就会被风吹走。但这不是问题的关键,重要的是该如何回答,为什么虫子能够抓得这么紧?它又是怎样粘在叶子上的?

另外,无论挑选何种毛毛虫作为实验对象,大菜粉蝶的幼虫也好,其他的也罢,都切勿徒手去抓。任何时候都不要用手去触碰毛毛虫,因为它们很容易因此染病。如果想把虫子转移至另一个箱子或另一株植物上,应当避免使用手指或镊子。试着给它一片新鲜叶子、一根树枝或一张纸,毛毛虫自己就会爬上去,然后我们就可以把这家伙挪去它该去的地方。

现在,我们可以把大菜粉蝶的幼虫拿到一片新鲜叶子上,然后再轻轻一抖,毛毛虫跟着就会掉落。但如果让虫子先在那儿待上五分钟或十分钟,之后再用力抖动,那毛毛虫反而掉不下来。倘若这时想把它甩掉,不使劲儿可是不行的。

看来,毛毛虫是铁了心要粘上叶子了。

实际情况或许真就如此。这时,我们可以准备一个放大镜,然后再次将毛毛虫转移到另一片新叶子上。通过放大镜能够看清虫子脑袋的前端,即口器和"下巴"。

那还可以看到什么呢?原来,毛毛虫会从头的下方挤出一条极细的白丝。这是因为在虫子的下唇上长着一个肉突,上面还有可以吐丝的腺孔。

毛毛虫一边在叶子上蠕动，一边还在用细丝一圈一圈地铺着小路。在爬行过程中，虫子脚下的借力之物正是这些丝线圈。抵达新家后，毛毛虫的首要任务便是铺设一条"小路"，而在此之前，虫子一不小心就会从叶子上滑落，因为它们的足都很柔弱，抓不住叶子。

待第四次蜕皮后，毛毛虫彻底成熟，现在已经准备化蛹了。

通常来说，蝴蝶的幼虫极少在进食的地方化蛹，它们一般都会另寻他处。例如，天蛾的幼虫就喜欢往下钻入地底，就连很多夜蛾的幼虫都是如此。但天幕毛虫的幼虫却习惯在树上乱爬，有时甚至会选择远行。

大菜粉蝶的幼虫在化蛹前也会爬走，但普通蝴蝶生下的毛毛虫化蛹前都不会钻进地下或爬入一些类似缝隙和裂口的地方。毕竟，蝴蝶的翅膀又宽又大，要是真钻进去了，羽化后就没法再从土里或窄缝中爬出来了。它们的蛹就那么毫无遮掩地挂着，有些被直接吊在了充当口粮的植物上，有些则悬在其他地方。比如，荨麻蛱蝶的幼虫就在荨麻上化蛹，山楂粉蝶的蛹通常出现在"自家"树上。不过，大菜粉蝶的幼虫却习惯搬走，总想爬去更高的地方化蛹。

如果是在饲养箱里，毛毛虫会沿着箱壁爬到箱顶。要是在野外的话，卷心菜上的虫子必然会选择离家外出闯荡。它们先是贴着地面爬行，待遇到栅栏、墙壁或树干后，就顺势朝上爬去，越爬越高，有时竟能爬到八米甚至十米的高度。

找到合适的地方后，虫子就会现做一个丝垫，以便蛹的尾部可以牢牢地粘在上面。随后，它似乎另用了一条丝制的腰带把自己的身子绑了起来。

给自己系上一条"丝腰带"，这可不是轻而易举就能办到的。

为此，毛毛虫把腹部下方所有的足都紧紧地贴在了墙上，同时它的胸部和头部也在极力地向后方及两侧拉伸。虫子需要倚在墙上借力，但并非是迎面的墙壁，而是大致在胸部末端位置的两侧的墙壁。毛毛虫弯起身子，挨着墙，把一根细丝粘在了上面，然后把身体弯向了另一边，好让丝线从背部绕过并粘到另一侧的墙壁上。

从这一边到那一边，然后又从那一边到这一边……毛毛虫看上去就好像是在激烈地晃着脑袋。在制作腰带的过程中，它要这样来回摇摆四五十次。

腰带已经做好，毛毛虫被牢牢地固定在了墙上。此时，虫子将腹部的末端抵在了一个丝垫上。这会儿，它也不再用足扒着墙壁了，而是把身体微微抬离墙面，然后就保持着静止不动的状态。

直到第二天，毛毛虫的表皮才开始崩裂，其第二节胸环的脊背处会出现一条纵向的裂缝。接着，蛹就会从缝中探出自己的小脑袋。慢慢的，虫子的皮被撑开了，然后又皱成了一团，并逐渐褪至腹部末端。

瞧，蛹终于出现了。它的尾部抵在丝垫上，躯干中间被腰带兜着，同时还把脑袋昂了起来。

起初，蛹浑身上下都是软软的。之后，它的外壳会逐渐发硬、变色。

以上就是化蛹的全过程！

仲夏时节，经过一周半至两周的时间，一只蝴蝶将从蛹中羽化而出。由于秋天的蛹要越冬，所以蝴蝶要到次年春天才会出现。

菜园里不仅有大菜粉蝶，还有不少其他种类的蝴蝶：纹白蝶和暗脉菜粉蝶。人们一般都认为，纹白蝶专吃芜菁，暗脉菜粉蝶则只吃油菜。可事实并非如此！因为不论是以上两种蝴蝶，还是大菜粉蝶，它们产下的毛毛虫对各种十字花科的植物都来者不拒。

纹白蝶和暗脉菜粉蝶的体形要比大菜粉蝶小一些，而且两者前翅的翅尖以及翅膀上的斑点都不是纯黑的，而是深灰色的。区分起它们来也不难，在暗脉菜粉蝶的翅膀下方沿翅脉有深色的鳞片分布（就像长了一条条暗纹），纹白蝶则没有。

而另一种区分的方法就是闻气味。

许多蝴蝶身上都散发着气味，人类的鼻子也能闻到。这一点不难证实。

我们可以逮一只雄纹白蝶，用手指摸一下它前翅的上表面，然后再拿近鼻子闻一闻，会有股木樨草的味道。如果拿雄暗脉菜粉蝶来做尝试的话，我们的指头就会粘上柠檬的气味。

雄大菜粉蝶也会发出气味：天竺葵的气味。但这种气味很淡，不一定总能闻到。

当然，人类是不会根据气味来识别这些雄蝴蝶的，但对于蝴蝶自己来说，这种气味上的差异却至关重要。看，一群白色的蝴蝶正在草坪上飞舞，它们中有两只蝴蝶彼此遇上后就开始在空中兜起了圈子，仿佛是在嬉戏打闹，可最后又各自纷飞了。

它们为什么要分手？因为两者品种不同，一个是暗脉菜粉蝶，另一个是纹白蝶，它们在气味方面互不相投。但如果此时邂逅对方的刚好是一对雌雄暗脉菜粉蝶，那它们未必马上就会分开，因为这两位都把柠檬气味当成了识别同类的信标。

至于蝴蝶本身的味道，其实来源于它们身上跟气味腺体相连的特殊鳞片。这些鳞片外形独特，完全不像覆盖在翅膀上的那些普通鳞片，末端处还给人一种毛茸茸的感觉。但正因如此，雄大菜粉蝶的翅膀看上去才会如鹅绒那般柔软。相比之下，雌大菜粉蝶身上则未能长出这种鳞片，故而它们的翅膀也缺少那种丝绒般的质感。

当然，只有在仔细观察的情况下，我们才能看到蝴蝶翅膀表面那丝绒般的形态，为此还得用手一直捏着它们。可如果大家面对的是一些正在翩翩起舞的雄蝶，那就不能再以上述特征作为辨识的标准了，不过雄蝶身上倒是有一个从老远就能瞥见的标识，即翅膀上的花纹。与大菜粉蝶一样，纹白蝶和暗脉菜粉蝶的雌性个体在前翅上均各有两个黑斑，但它们的雄性个体则不然，要么压根儿没有，要么就只长了一个。

大菜粉蝶同自己的这两位菜园姐妹不仅在体形、黑斑乃至雄蝶气味方面存在差异，其他方面亦是如此。

纹白蝶和暗脉菜粉蝶的卵都是颗粒分明的，并非成堆地挤在一起，而且它们的幼虫也只习惯独居。这两种蝴蝶产下的毛毛虫有着与大菜粉蝶幼虫截然不同的颜色。大菜粉蝶幼虫的颜色是一种向外界发出的"警告"，但暗脉菜粉蝶和纹白蝶的幼虫颜色却更具隐蔽性，易于伪装，它们通体青绿，趴在绿色菜叶上时，通常很难在第一时间就被人注意到。被鸟儿嫌弃的大菜粉蝶幼虫仿佛是在不打自招，有意向外界发出信息："瞧，我们在这儿，快来瞅瞅！暗脉菜粉蝶和纹白蝶的幼虫的肉好吃，所以它们才躲起来，不动声色地在叶子上爬，就是怕被你们发现。"

要想保护卷心菜不被大菜粉蝶糟蹋，最简单的方法是仔细检查卷心菜的外层叶片，碾碎上面的卵堆，然后再彻底铲除毛毛虫（切勿徒手去抓）。但对于暗脉菜粉蝶和纹白蝶却不能采取相同的办法，因为它们的卵都是逐粒逐粒排出的，再说，绿色的毛毛虫也不是轻轻松松就能发现的。在这种情况下，我们就只能对毛毛虫或卷心菜本身喷洒化学杀虫剂，这类物质同样能将大菜粉蝶的幼虫置于死地，不过也还有更简单的办法：直接用手指掐扁它们。

总之，由于不同蝴蝶在习性方面各有差异，所以在灭虫时必须采取具有针对性的手段。

蜣螂

这是一个普通的夏日，白昼即将结束，鸟儿陆陆续续安静了下来。蝴蝶和甲虫躲进了藏身之所，蜜蜂早已回巢，就连苍蝇也停止了嗡鸣。

大丽花很早就合上了花冠，可园子里白色的烟草花却正在肆意绽放。

夜生活悄然开始，静谧取代了白日里的喧嚣。

此时，一只肥大壮硕的蛀犀金龟从我眼前飞掠而过。纯白的六月甲虫正在山坡上的草丛中鸣叫，人们都说它们"不是真正的鳃金龟"。诚然，与真正的"鳃金龟"相比，这些家伙的长相确实不怎么样。

我漫步在乡间的小道上，两旁的草地中时不时传来六月甲虫沙沙作响的声音。此时，后方也传来了一阵低沉的长鸣，我刚准备转身，只见一只小虫子嗖地一下就飞走了，还是晚了一步！要知道，如果现在有一只甲虫飞过，那它后头保准还跟着其他伙伴。

真的，我又听见了嗡嗡的声音……原来是一只大黑甲虫正在路面上方高速飞行，它的样子在乡间小路间被衬得格外显眼。尽管当时周围的环境阴暗不清，但结合虫子特有的嗡鸣、飞行技巧、体形大小以及整体外观，我还是猜出了它是何方神圣。

这是一种黑蓝色的大蜣螂，也叫粪金龟，俗称"屎壳郎"。白天偶尔也能看到它的身影，但这种情况并不常见。蜣螂日间一般都藏在马粪堆下面，但更多的时候，它们会在粪堆下方挖个洞躲起来。

蜣螂习惯在夜间飞行。这倒不是为了兜风，而是在觅食。马粪不仅是成年蜣螂的食物，而且还是其幼虫的口粮。眼前这只嗡嗡叫的蜣螂正在寻找新鲜的马粪。如果成功了，它会钻到粪堆底下，掘出一个很深很深的洞，然后用马粪将其填满。之后，蜣螂会吃掉一些，再留下一些。等到第二天晚上，它又会去寻找新的马粪堆。

蜣螂的幼虫也以马粪为食。成虫会给幼虫准备粪便做成的食物，就好像在做香肠。雌蜣螂每次产卵从来都不会只生一粒，而是一次性诞下好几十粒卵，这就意味着需要准备几十个粪球，几十根马粪香肠。因此，成年蜣螂才会四处飞舞，不断寻觅……尽管如此，但我们也不是每晚都会遇见它们。

某个晚上，天空万里无云，但蜣螂却不愿意外出觅食。我沿着田间小道转悠，路过一片大草地，集体农庄的马儿都在那里过夜，然而我竟连一只蜣螂都没瞥见，这是为什么呢？原来，那天夜里下起了雨，翌日清晨和白天也一直在下，天气真是糟透了。

不过，有时还会出现这样的情况，整个白天都有雨，到了傍晚还在下毛毛雨。天空乌云密布，可蜣螂却毫无征兆地出来活动了。等到了夜里，乌云散去，次日清晨又迎来了一个绝妙的好天气。

蜣螂只有在天气好的时候才现身。如果它们在傍晚出现，那就表示明天会是个好天气。由于蜣螂能活很久，所以整个夏天都可以充当晴雨计。

我曾经用饲养箱养过一些蜣螂。如果马粪很容易弄到的话，这事儿就不难办。甭管你头天晚上在箱子里放了多少马粪，到第二天早上，蜣螂都会把它们埋进土里，而且每只蜣螂至少掩埋了五百立方厘米的马粪。当然，要埋下这么多东西，得有充足的空间，饲养箱里必须准备相当厚的土层。不过，这一点我早就盘算好了，提前在箱子里铺上了一层约七十厘米厚的土。饲养箱是木质结构的，底部装着土，上面盖着一个铁丝网罩。

蜣螂整天都在忙着埋粪。傍晚，我来到箱边观察情况。有时，它们在箱子里非常闹腾，不停地爬来爬去，想飞出来，但只要我一把马粪丢进去，这些家伙立马就消停了，又钻进马粪底下忙活儿了。可如果不给马粪，蜣螂就会焦躁不安，一直嗡嗡地吵到深夜。

但有几个晚上，它们始终没露面，连放进去的马粪也丝毫未碰。这些虫子为什么不从洞里出来呢？食物可就在附近

推粪的西西弗斯

呀！它们完全不用费神去寻找，用小脚走个几十步就到食物跟前了。然而，蜣螂偏不按套路出牌，就是不出来！不管是在凉爽或起大风的晚上，还是在雨前温热的夜间，这些甲虫都闭门不出。

实际上，蜣螂并非唯一可以"预测"天气的昆虫，毕竟许多虫子都可谓行走的晴雨计。大家不妨多留意一下林子里和野外的情况，没准儿就能在那些地方发现不少鲜活的"自然征兆"。与此同时，各位还能察觉到昆虫和植物、其他动物之间的各种联系。大家到时候便可以看出，有时昆虫其实扮演不了晴雨计的角色，它们充其量不过是天气状况的"传声筒"。

我在这儿举个例子。

女娄菜一般生长在田间道路的两侧、沟渠、林子边、荒草地和灌木丛。它是白玉草的近亲，二者的花朵在外观上非常相似，但前者的尺寸更大，花瓣看上去也没那么细嫩。再者，跟白玉草相比，女娄菜整棵植株看起来也都更加粗糙，而且它毛茸茸的顶部还具有一定的黏性，这是为了防止蚂蚁和其他小虫子沿着茎秆爬进花里捣乱。

女娄菜的花萼是鼓起来的，不像白玉草长得那么大，但花萼的壁却很厚。所以不要把女娄菜随便往额头上甩，否则会被打疼的。

白天的时候，女娄菜总是把花闭合着，所以闻上去没什么味道，就像在打瞌睡一样，而这正是它们名字（女娄菜在俄语中有"瞌睡虫"之意）的由来。此外，女娄菜的每个花苞也不一样，有的只有雌蕊，而有的只有雄蕊。因此，咱们只需稍看一眼，马上就会明白它们得靠昆虫来授粉。那么，都有哪些昆虫参与其中呢？

女娄菜只在夜间开花，且伴有浓烈的香气。香味和白色的花瓣能在黑夜中为昆虫指引道路，而甜美的花蜜就是最佳的诱饵。

蛾类正巧来访，这会儿天色渐暗，大型天蛾在林边和林间的空地上飞舞。它们拥有一对狭长的翅膀和纺锤形的身躯，是天生的飞行家。实际上，天蛾的飞行速度非常快，每小时约能行进五十四千米。或许大家觉得见怪不怪，毕竟雨燕的飞行速度可达每小时一百千米，所以每小时五十千米又算得了什么呢？但我们不能仅凭飞行距离来评判位移速度的快慢，还要将动物自身的体形纳入考虑因素，两种因素结合在一起正好能说明天蛾具有极快的飞行速度。试想，在一分钟内，它的飞行距离是身长的 2.2 ~ 2.5 万倍。计算方法很简单，天蛾每秒大约飞行十五米，每分钟就是九百米，它的平均体长为 3.5 ~ 4 厘米。相比之下，雨燕一分钟内飞过的距离只有自身体长的八千三百倍。当然，单就速度参数而言，雨燕超过了天蛾；至于相对飞行速度，谁会更胜一筹呢？不用说，肯定是天蛾。

天蛾无法振动翅膀，因为它们翅膀的结构不适合做上下飞舞的动作。从我们的视角来看，天蛾在飞行时仿佛被某种力量操控着，从一朵花径直抛向了另一朵花。在冲出几十米后，它们会悬停在花朵上方，但顷刻间又会继续冲向前方。总之，天蛾始终都是一副忙忙碌碌的样子。

　　大多数天蛾的口器都很长。伸开后，天蛾只需悬停在花朵上方，即可享受到甜美的花蜜。花园里，天蛾正在吸食白色烟草花的花蜜。这种植物的花冠内部很深，底部有甜汁渗出。但这不过是小儿科罢了！天蛾百分之百能采到花蜜，因为它们有着足够长的口器。

　　如果去路边的女娄菜上找天蛾，恐怕很难一睹它们的芳容。因为这些虫子本身就不多，再加上飞得还快，所以得跟得紧一点儿！相比之下，夜蛾出现的频率就高多了，最重要的是，它们没那么火急火燎，只要飞到花上，就会一直待在那儿。

　　然而，也不是每晚都能在女娄菜上见到小夜蛾。今天，花都已经开了，可蛾子却没出现。这时，一只夜蛾飞来了，落在花上，但又马上飞走了。我在一片女娄菜旁伫立着，五分钟、十分钟、十五分钟……每回都是这样，夜蛾飞过来，再落下，接着又飞走了。

　　看到此种情况，我猜是这一片的女娄菜或许都不合蛾子的口味？于是，我来到另一片草丛继续观察，结果还是一样。既然蛾子都不肯久留，那我也没必要在这儿干耗着，还是回家吧。

　　第二天晚上，我故地重游，但仍一无所获。女娄菜上几乎见不到夜蛾的踪迹。不过，几日后，我终于在女娄菜上等来了夜蛾。那是一个暖和的阴天，夜里还下起了雨。

后来，我天天晚上都去看女娄菜，而且还总能遇见同样的景象。每次下雨前，花上都会聚着很多夜蛾。既然是这样，那到底是谁"预言"了雨天的到来？是夜蛾，还是女娄菜？难道说，天气好的时候，夜蛾反倒没了食欲？它们飞过来且也会落在花上休息，但就是不肯吃东西，也不愿在花上做过多的停留。

所以，是蛾子在预报天气，还是花在发挥能力，我们该如何判断才好呢？

众所周知，树锦鸡儿在雨前会分泌出很多的花蜜。尝过这些花的人会发现，它们有时很甜，但有时却寡然无味。在女娄菜上也存在这种差异性特征。但是，如果光想通过味道来判断一朵花中是否含有大量的花蜜，就没那么简单了。更何况，我们怎么就能断定天气变化就是影响花蜜分泌的唯一原因呢？

为此，我决定做一项新的测试，想看看夜蛾在干燥的天气里胃口如何。办法还是有的，即设下诱饵吸引它们。具体来说，就是利用"蜜源"来搜捕蛾子。这场实验并没有体现出多少我们人类的聪明才智，只是利用了在自然界中观察到的规律而已。

受伤、患病的橡树身上会分泌一种汁液，这些东西微微发酵后，从老远的地方就能嗅到一股酸酸的味道。白桦的树干上也经常会流出类似的汁液。而在这些橡树"酿酒师"的身上，人们总能找到各种昆虫，它们都是被树液的气味吸引而来的。比如榆蛱蝶，这是一种带有红黑色斑纹的蝶类，类似荨麻蛱蝶；黑白花纹的闪蛱蝶，雄蝶带有紫色光泽。此外，还包括优红蛱蝶、孔雀蛱蝶和黄缘蛱蝶。

它们中还有一些闪闪发亮的花金龟，偶尔还能看到散发着麝香味的大型杨红颈天牛。当然，也少不了胡蜂、黄蜂、苍蝇，至于蚂蚁，固然是不会缺席的。以上讲的都是白天的情况。

等到了晚上，橡树"酿酒师"迎来了自己的独家贵客——蛾子，其中不乏种类繁多的夜蛾以及又大又美的裳夜蛾。裳夜蛾长着一对红色的翅膀，上面还点缀着黑色的条纹，但在天蓝色或黄色的后翅上条纹则要稀疏一些。

现在有一个问题，橡树和白桦发酵的汁液并非随处可遇，因此，我们需要用自制的"蜜糕"来代替天然的汁液。

不如试试以下方法。首先，向蜂蜜中加入水或变酸的克瓦斯[1]进行稀释，然后放入一些葡萄干儿或少量酵母，静置一会儿。很快，混合液体就发酵好了，我们有诱饵了！

大家可以将这种"人工蜜"涂在树干和栅栏板上，但这种做法无疑会白白浪费掉大量蜜源。因此，还是做"蜜糕"更为合适，操作起来也更加简便。我们需要取一些质地稀疏的面料，如纱布或麻布，之后用蜂蜜浸泡（在气候暖和的地方，最好使用呢子或毛毡，以免布料干得太快）。

入夜前，把准备好的"蜜糕"挂在树上，用绳子拴好，或

---

[1] 盛行于俄罗斯、乌克兰和其他东欧国家的一种含低度酒精的饮料。

者直接缠在树干上也行。

通常情况下，可以用小块方布来制作"蜜糕"，或者，把干苹果片泡在蜂蜜中也行（将它们放在蜜水中保存，需要时取出）。在此之后，还得像晒蘑菇那样把它们穿在麻绳上，但别挨得太近，要留有间隙。

"蜜糕"的气味会招来夜蛾、裳夜蛾和一些尺蛾及覃蛾，天蛾偶尔也会光顾。

这次，我把"蜜糕"挂在了林子旁边，另外在田里的木桩上也挂了些。现在，终于到了验证猜想的时刻了：天气干燥时，蛾子的胃口究竟好不好。

实验结果表明，蛾子的胃口非常棒。夜蛾果然飞到了我做的"蜜糕"上。由此可见，即便是在多云的天气，"蜜糕"也比女娄菜更具吸引力。这点很好理解，前者在气味方面更加浓烈。这项实验说明，花蜜的多寡是决定吸引力强弱的原因。下雨前，女娄菜的白花会分泌出大量的花蜜。这时，蛾子自然会不期而至。等到了晚上，如果女娄菜的白花上出现了一大群夜蛾，那就意味着即将下雨。倘若夜蛾既不在花上逗留，也不悬于空中吸取花蜜，就算头天晚上下雨了，那也改变不了次日将迎来晴天的事实。

既然如此，那到底是谁在预测天气呢，蛾子，还是花？我想，二者都参与了。纵使跟花儿的"预报"相比，蛾子有后知后觉之嫌，可架不住它们的"预报"工作更容易被人瞧见。要知道，没有蛾子，女娄菜照样能完成任务。至于那些蛾子嘛，一旦少了女娄菜的白花，它们就成了睁眼瞎，彻底失去了预测的能力。甜美的诱饵，不但令蛾子垂涎，也为我们揭晓了答案。

这种"蜜糕"诱饵不仅广受蝴蝶收藏家的青睐，而且还被用来治理害虫黄地老虎及其近亲。当有类似的虫子出没时，可以在田里放一些盆，然后再倒入发酵的廉价糖浆。蛾子很快就会顺着香气扑过来，落入盆中后，最终溺毙在了糖浆里。

萤火虫

森林里、草地上，到处都有萤火虫的微光在闪烁。在俄罗斯中部地区，萤火虫多出现在潮湿的地方。它们的幼虫以小蜗牛为食，因为后者也常在潮湿的地方活动。

在一些萤火虫家族中，只有雌性才会发光，它们没有翅膀，所以看上去就像外形古怪的"蠕虫"，且通常被称为"栉角萤"。

然而，这些萤火虫中的雄性却长有翅膀。大家只要看上一眼，立刻就能认出这是一种甲虫。尽管雄虫会飞，可在黑夜中我们却很难注意到它们，因为这些家伙不会发光。

不过，世界上依然存在着能够发光的雄萤火虫。森林里，一些绿色的小光点不仅在草地上闪烁，而且还在空中飞舞。凡是去过高加索黑海沿岸的人都见过这般景象。夏天，只要身处有树和草的地方，萤火虫随处可见。

雌萤火虫的发光点位于其腹部的下方，即便是在未发光的雌虫身上也清晰可见，甚至在被大头针钉住的枯死的萤火虫身上也格外显眼。在腹部的末端，有一部分跟与之相连的其他部分有所不同：此处的体壁似乎是透亮的，在这层半透明的薄膜下还长着一个发光的器官。

发光器官由一簇特殊的大型细胞构成。其中分布着许多神经分支和极细小的气管分支，发光细胞因此可以获得充足的空气。除此之外，在发光细胞下面还有一组反光细胞，类似于一种特殊的反射装置。

发光细胞中，强烈的氧化过程正在酝酿。当细胞中的物质被氧化后就会产生新的变化，"光"就是伴随着这种变化出现的。

萤火虫发出的光属于冷光，它们把消耗的能量几乎全都转化成了亮光，发光效率要比我们人类的灯泡高出几十倍。众所周知，电灯泡既发光，也发热。而这就说明有相当一部分能量未被用来发光，而是消耗在了发热上，换言之，这些能量都被浪费了。

只要是看过且抓过萤火虫的人都知道，虫子的小灯是会"熄灭"的。

遇到这种情况，大家通常会解释说："被吓到了。"

"吓到"一词在这里完全不适用，萤火虫不像人类，我们的恐惧情绪与之并不相通。不过，它们与人类之间仍存在一定的相似之处——比如，碰一下萤火虫，它们也会受惊，并因此把亮光"熄灭"。

咱们不妨做个实验。一只萤火虫正趴在草叶上闪闪发光。这时，可以吓唬一下它，用力摇一摇，把虫子从草叶上晃下

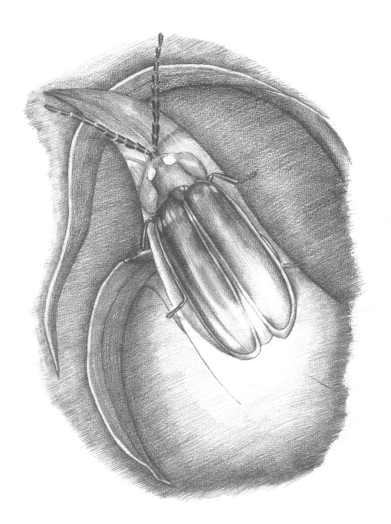

草叶上的星星

来。不一会儿，萤火虫的小灯就熄灭了。

这是怎么回事？

要知道，萤火虫的发光器官里包裹着许多细小的神经。它们之所以存在，就像人们常说的那样，神经系统控制着发光的过程。神经纤维的敏感末梢可以感知到来自外部世界的所有刺激，神经系统的活动也会因此受到影响，进而又对萤火虫体内正在发生的许多反应过程造成二次影响。萤火虫受到震动后，呼吸开始减弱，氧气摄入量也随之下降，发光细胞的氧化过程开始变缓。最终，发光过程彻底停止，萤火虫的小灯就此熄灭。

那萤火虫白天会发光吗？

实际上，萤火虫的光在太阳底下是看不见的，毕竟阳光可比萤火虫的光要亮得多，所以大家可以把萤火虫拿进黑暗的房间试试。还有一个更简单的办法，将虫子放在自己的双手间，然后通过指间的狭窄缝隙往里面瞧。

萤火虫果然在发光！

那到底该如何回答这个问题：萤火虫在太阳底下会发光吗？或许人家一直都发着光？

谁都拿不准吧！

可事实证明，萤火虫在阳光或在强光下，根本就不会发光。

我们可以做两个简单的实验，只要"骗一骗"虫子就行。

在黑暗的房间里，萤火虫正闪着亮光。无论白天还是黑夜，情况始终如此，这是因为它们一直都处在漆黑的环境当中。

在做第一项实验之前，我首先准备一个黑色的厚纸筒，一端加宽，另一端收窄，将其卷成狭长的圆锥形；把手电筒的小灯泡紧紧贴在开口较宽的一头，好让所有的光都留在纸筒里；再把较窄的那头对准萤火虫的头部，但它的整个身体还是应该继续待在黑暗里，只有头部可以照到光。这正是锥形筒的作用，它可以控制光线只照射到萤火虫的头部。当然，我们也可以用一块底部有凹口的挡板来代替纸筒。方法是用挡板将虫子的头部与身体其他部位隔开，接着再用光照亮它的头部。这种方法虽然比较简单，但缺点是，很容易弄伤萤火虫。

由此可见，当萤火虫的头部被照亮，但整个躯干仍处于黑暗中，且头部周围还是一片漆黑时，发光的萤火虫就会把自己的"小灯"熄灭。

在第二项实验中，萤火虫一直都处在强光的照射下，而头部却处于黑暗之中，结果它就一直发着光。

以上实验表明，萤火虫的视觉对于控制发光的过程起着重要的作用。在明亮之处，它是不发光的。

当然，萤火虫不明白，也不可能明白，它的"小灯"在阳光底下是看不见的。外部光线通过萤火虫的眼睛刺激着它的神经系统，进而作用于发光器官细胞。光线能抑制这些细胞的活动，而黑暗的环境则恰好相反。

龙虱与水龟虫

龙虱是一种常见的水甲虫。池塘里、小湖地里、泥炭沼泽的沟渠里以及平静的河湾里，都能看到它们的身影。

大家有时坐在岸边，就会发现一只巨大的深色甲虫正在浮出水面。它好像是倒挂在水里，只把腹部尖尖的末端露在外面。

它以这种方式停留了大概一分钟，然后下潜，同时还排出了一串气泡。

龙虱是一种贪得无厌的肉食性昆虫。它会不加区分地攻击一切小型水生动物，水栖昆虫、虾蟹、蜗牛、蝌蚪、小鱼都是它的果腹之物。此外，它还会攻击体形较大的猎物，如青蛙、蝾螈，甚至连身长十多厘米的大鱼也不放过。

在一个面积不大的池塘里，高速繁殖的龙虱会把所有的鱼类都消灭殆尽。这些甲虫是鱼类危险的敌人，因为它们既吃鱼卵，也吃鱼苗。

龙虱绝不能跟鱼类养在同一个水族箱里，因为前者会在很短的时间内把鱼儿全都吃光。而在一个水族箱中同时饲养多只龙虱也是很危险的，因为它们会互相攻击。龙虱可以过冬，所以冬天我们也能好好观察这种甲虫。龙虱的远祖是陆生甲虫，它们至今都保留着祖先的特征，即呼吸空气。这种甲虫的气管口生在背部，就藏在鞘翅下面。

浮在水面时，龙虱会将腹部的末端暴露在空气中。它一开始会把一部分用过的空气从气管中挤出，接着又重新吸入新鲜空气。随着呼气与吸气动作的相互交替，气管中的空气便得以更新。

仔细观察浮在水面上的龙虱，大家会发现它的肚子时而塌陷，时而鼓胀。这是因为被它吸入的空气不仅进入了气管，还有一部分留在了鞘翅下面。当龙虱潜到水下深处时，身上依然携带着这部分空气。

夏天、秋天和春天，龙虱轻轻松松就能浮上水面呼吸，那冬天该怎么办呢？那会儿水都结了冰，甲虫是没法上浮换气的。

池塘被厚厚的冰层覆盖着，我们又该如何观察底下的甲虫呢？

大家不妨模拟一个跟池塘类似的环境，这样就能知道甲虫会在冰下做些什么了。实验必须满足两个条件：水要冷，同时甲虫无法钻出水面。

可以先往玻璃罐中放入一只龙虱，然后再把罐子置于寒冷的环境中。这样水就会变冷，第一个条件已经满足了。那第二个条件要如何实现呢？

有两种办法。一是让水结冰，冰壳会将水面覆盖，到时候罐子内部就会变得跟冬天的池塘一样。当然也可以采取另一种办法：不让甲虫把腹部末端露出水面。换言之，将其与空气隔绝。这样一来，冰壳就可有可无了，在玻璃罐水面下方二三厘米处放上一个小网，用它即可代替冰层。

现在，我们把一只龙虱放入罐中，然后再把罐子挪至低温处。待水体变冷，再往里放一张小网。

只见，龙虱在水中窜来窜去，一会儿上浮，一会儿又潜入水底。它不停地游荡，到处打探。因为小网的阻隔，它没法接触空气。

此时，甲虫开启了另一种特殊的呼吸模式。

龙虱天生自带呼吸器官。按理说，这种器官没法利用溶于水中的氧气，可这家伙却偏要反其道而行之。

不过，也用不了多久。因为龙虱游荡一阵子后，自己就会试着浮上水面。它们一般栖息在水生植物的枝条上。由于玻璃罐里没任何植物，它们只能待在罐底。

在水底潜伏时，龙虱跟往常一样，把自己长长的后足微微上翘并支起身体。

这时，鞘翅下面突然冒出了一个气泡。气泡逐渐变大，但始终都没脱离甲虫的身体，也不上浮，就这样一直夹在鞘翅下面。

龙虱静静地趴着，冒出的气泡也一动不动地挂在那儿。

这就是目前的情况，内容不算丰富，只有一只龙虱和一个

慢性子与急脾气

泡泡。然而，我们目光所及之处只是表象而已。

气泡从哪里来？答案很简单，是龙虱从鞘翅下挤出来的，毕竟那地方一直都储存着空气。

那泡泡是做什么用的？不必说，这当然是龙虱用来获取空气的。

在龙虱挤出的这个气泡中，氧气含量很低，因为几乎已被消耗殆尽。不过，溶于水中的氧气却很多，所以接下来会发生什么呢？溶于水中的氧气也开始渗进了气泡内部。

玻璃罐中的水和气泡就好比两个连通器，气泡里的空气中含有氧气，罐子里的水中也有溶解的氧气。只不过气泡中的氧气含量非常低，但玻璃罐中水体的含氧量却很高。既然二者的含氧量不同，那么它们各自所受压强也就不同。如此一来，气体就会从含氧量较高、压强更大的玻璃罐水体向气泡渗透，毕竟气泡内部的氧气含量相对较低，压强也更小。等到气体压强在气泡和玻璃罐水体二者间达到平衡，这一过程才会停止。

如果摆在我们面前的是物理课上用的两个连通器，那么根据理论来看，理当如此，没准实际情况也真是这样。

可是龙虱在水中的情况要更复杂一些。

就龙虱挤出的气泡而言，其内部的空气与鞘翅下方的空气是互通的。如果说得更准确些，二者并非是在"交换"空气，因为从鞘翅下方排出的空气实际就是气泡中空气的一部分，而鞘翅下方的空气又刚好与龙虱气管内的空气相通。所以说，这个气泡是具有延续性的，且路径极长。

氧气不会在气泡中积聚，因为鞘翅下方和气管里的氧气均比前者的储量少。因此，新吸入的氧气会从气泡中流进鞘翅下方，然后再从那儿继续流入气管。

此外，气泡内外压力达到平衡的情况也永远不会出现，因为龙虱的气管始终都在消耗氧气，而这就是与物理课上连通器中气体实验的区别。在课堂实验中，两个容器内的气压最终都能达到平衡。然而在龙虱这里却没有平衡可言，因为氧气是持续流动的。从水中渗进气泡，再从气泡流入气管。距离气泡越远，氧气的流动性就越弱，因为气压差会随着距离的增长而变得越来越小。弱是弱了点儿，但氧气依然在流动。

事实上，即使龙虱不产生气泡，氧气也能渗进鞘翅下方的空间，只是量很少而已。可一旦有了气泡，鞘翅下方的空气与水的接触面积就能有所扩大。

龙虱需要游动时，就会把气泡缩回去；停下时，又会再次放出气泡。

虽然用这种方式没法大量收集氧气，但对龙虱而言也足够了。因为处于冷水中的龙虱活动性较差，呼吸也比夏天微弱得多。

大家可以做个实验，验证一下夏天的龙虱能否生活在"带小网"的玻璃罐里。

不过，也没必要非得等到夏天动手。毕竟，我们所需的并非真正的夏天，而是"夏天"的水。

可以先把水加热，使温度保持在二十二至二十五摄氏度之间，然后再把龙虱放入温水中，同时投下小网。除了水是温的外，周围的一切布置得都如同在"冬天里"那样。

龙虱在水中游荡，正朝着水面浮去，还放出了气泡。但由于罐子里的水之前被加热过，所以现在的溶氧量很少。之前，甲虫在冷水中活动量没那么大，氧气是够用的；可龙虱眼下正身处温水，活动量要比原来大得多，如此一来，它便陷入了缺氧状态。无奈，气泡吸入的氧气的量实在是太少了，龙虱最后窒息而亡。

要知道，即便是在冬季的池塘里，龙虱也并非总以这种方式来获取氧气。在一些池塘中，水中的溶氧量天然就少，而在另一些池子中，氧气又因植物腐烂这一客观现象被大量消耗了。由于冬天的植物几乎不释放氧气，所以水中的氧气含量也没法得到补充。当水中的氧气被彻底耗尽时，龙虱就会沉到水底，开始深度冬眠，一直睡到来年春天。

那可不可以做一次冰壳实验呢？跟用小网做的实验相比，会有何不同呢？说真的，在实验刚开始那会儿，确实有些差异。可池塘结冰之后，又会发生什么呢？

此时，通往水面的道路已被阻断。不过冰层尚薄，水中仍有充足的光线射入，水生植物也放出了相当多的氧气。冰层之下，时不时还有气泡从植物的叶子中冒出，浮上去后就都积聚在了冰壳底部。水面未结冰时，小气泡一升至水面立马就会爆裂，氧气也跟着"飞走了"，可现在它们跑不了了，因为漂上去后都被冰层给压住了。

龙虱在冰层下游动，大口吸着积聚在那里的空气。

这种空气"积聚"的现象在冰壳实验中也能看到。只需往玻璃罐里放一把水草，然后再拿到光照强烈的地方，这样植物就能释放出更多的氧气了。

龙虱是一种肉食性昆虫，有时会因吃得太饱而无法浮到水面呼吸。遇到这种情况，无论甲虫如何使劲蹬腿，也无济于事，因为此时它的身体实在是太重了。等到这个时候，龙虱就会清空后肠，并吐出嗉囊中的食物。但这种方法有时也不顶用，说到底还是因为吃太多了。事到如今，它也只剩一个办法，即"徒步"走向水面。龙虱会沿着植物往上爬。如果这发生在夏天装满水的玻璃罐里，那龙虱准会被憋死。

作为一个身手敏捷的猎人，龙虱会向一切猎物发起攻击。它拥有极其敏锐的嗅觉，且在狩猎时所起的作用绝不亚于这位猎人的视觉。

龙虱正饿着，不妨往它住的玻璃罐里滴一滴血。血滴在水中逐渐散开。虽然它们暂时还未发现猎物，但早已骚动起来。这些家伙开始争先恐后地打探，在玻璃罐里四处乱窜。很明显，龙虱已经"嗅到"了猎物的气味，正在搜寻。

有时，数只龙虱几乎都在同一时间向大鱼发起了攻击。它们是提前串通好的吗？是一种"有组织的"进攻吗？非也！

此刻，一只龙虱正在进攻一条鲫鱼。鲫鱼的个头儿不算小，比人的手掌还大些。龙虱死死地咬住了它，可鲫鱼猛地一抖，立马就把猎人甩了出去。饿坏了的龙虱再度向猎物发起进攻，又一次咬住了鲫鱼……

鲫鱼被龙虱咬伤了，几滴鲜血溶进了水里，血液在水中逐渐"散开"。如果这时附近还有龙虱，它们就会毫不犹豫地冲上来寻找猎物。现在，好几只龙虱都在围攻那条可怜的鲫鱼……

在捕食方面，龙虱的幼虫丝毫不亚于父母，它们同样是强大的猎手。只看幼虫那修长的身体，就知道它们身手不凡。要是再看一眼幼虫发达的颚部，就明白这些家伙是会咬人的。

幼虫用脚划水，同时通过摆动腹部来获取前行的动力，所以游得很快。它们呼吸的时候会把腹部末端露出水面，这是因为气管的开口（即气门）长在了腹部末端。幼虫可以头朝下地在水面停留很长时间，这倒不只是为了呼吸，而是因为它同时在做两件事：呼吸和狩猎。

龙虱的幼虫在冬天是抓不着的，因为这个季节它们还没出生，只有夏天的时候才能抓到幼虫，开始观察。幼虫生长的速度非常快，通常二到三个月即可成熟。

龙虱的幼虫可以说是典型的"恶邻"，因此得把它们单独养在一个玻璃罐中。要是将几只一起饲养的话，到最后也会独剩一只，唯有最厉害的猎人才能存活，因为它会把别的同伴统统吃光。幼虫异常贪婪，一天吃五十只蝌蚪都不嫌多。

这种幼虫最吸引人的地方就是它的颚部，大而前凸，窄而长，整体呈弯曲状，看起来像两把镰刀。当然，这东西并没有啃食、撕咬和咀嚼的功能。弯曲的大颚只可用于穿刺，幼虫会将上、下颚同时刺入猎物。猎物一旦被捕获，无论如何挣扎，都难以逃脱，幼虫就像是被缝在了猎物身上一样。

我们再看看幼虫的头部，可以发现上面长着触角、触须以及两小簇单眼。但无论怎么看，似乎都找不到最重要的嘴。

大家如果仔细观察，可能会注意到，在上颚和下颚的基部都有一个小孔。幼虫通过小孔吸食猎物并留下完整的空壳。

这种特殊的构造与幼虫的食性有关。要知道，幼虫的颚部绝不只是两条窄长的几丁质[1]"镰刀"。其实，沿着颚部的内缘还分布着一条管道，在颚尖附近开着一个小孔，这是龙虱幼虫吸取食物的开口。而这条管道又连接着颚的基部的小孔，后者又连通口腔。

那幼虫究竟是如何进食的呢？显然，它既不能咀嚼，也无法咬碎食物，因为它天生就没长出具备相关功能的器官。另一件事也很明显，且原因也相同，它没法吞咽食物，即便食物块很小，幼虫同样无可奈何。

龙虱幼虫的消化方式很特殊，叫作肠外消化，即食物尚未入嘴，就已开始消化。

一只幼虫正在攻击蝌蚪。它将颚刺入猎物体内后，顺势就从食管里喷出一种特殊的液体。这种液体会通过颚的基部的小

---

[1] 又名"壳多糖"，多存在于甲壳类动物的外壳、昆虫的甲壳和真菌的胞壁中，用以支撑身体骨架，对身体起保护作用。

孔进入食管，又顺着食管流向颚尖，然后再从那儿注入蝌蚪体内。这种液体有毒，猎物也因此麻痹了。

此时，幼虫又吐出了另一种具有强烈消化作用的液体。这些液体经过颚部内缘的管道被直接注入了猎物体内，就是为了溶解并消化猎物身体里的物质，以便幼虫通过管道吸食被液化的猎物。虫子一张一缩的咽部，好似正在运转的泵机。

吸食完液体食物后，幼虫会继续吐出新的消化液，直到把一切被消化液溶解的物质彻底吸光。进食结束后，幼虫就会用前足清除粘在"镰刀大颚"上的食物残渣。但在此之后，这些猎人并不像其他吃饱喝足的昆虫那样，趁机找地方休息或"闲逛"。这些幼虫的肚子永远填不满，马上又开始寻找新的猎物去了……

水龟虫比龙虱要大得多，体长可达五厘米。它外形鼓胀，全身骏黑，腹部下面闪着亮光，仿佛镀了层水银。

水龟虫没龙虱游得快，甚至可以说很慢，看体型，不太像一位游泳健将。龙虱划水时，两条后腿会一起摆动，水龟虫则是几条腿交替划动。所以，它看着似乎不是在游，而是在水中"走"。

一二……一二……一二……这是龙虱的行进方式，而水龟虫在水里的移动方式则是左右、左右、左右。

不过，水龟虫在水生植物上爬行的时间要多于在水里游动的时间。因此，要找到它们就得去水底植物丛中碰运气，而龙虱在大一点儿的水坑里就能看到。

空气对水龟虫来说同样是必需品，它有着与龙虱一样的呼吸器官——气管。但如果因此就想干等着水龟虫把腹部末端露出水面的话，那纯粹就是白费工夫！

大家可以在有水龟虫栖息的池塘边坐上个把钟头。它们就住在那里，但你看不着一只露出水面的水龟虫。不过大家也明白，池塘里水龟虫多得很，只需用网一捞，或用筛子在水底植物丛里滤一滤，即可验证。

事实上，用一个玻璃罐就能轻松揭开水龟虫呼吸的秘密。我们既可以从上方（透过水面）看，也可从侧面（透过罐子的玻璃壁）观察。我选择端坐在装有水龟虫的玻璃罐旁，开始观察……

水龟虫在植物上攀爬，停了停，然后咬下了些许碎叶，咀嚼了起来……接着，继续朝上爬，最后几乎都碰着了水面。

在行进过程中，它并不像龙虱那样，脑袋朝下，肚子朝上，而是始终保持着头朝上的姿势，直到抵达目的地后才停下。

如果有人据此认为，"这家伙准会把脑袋探出水面"，也罢，请继续等下去吧。

大家错了，它是不会露出头的。

透过罐子的玻璃壁可以看到，它的头仍在水面以下。如果从正上方观察，也没法立刻就注意到有什么东西探出水面。不过，水龟虫的两只触角倒是勉强探出了那么一点儿，而且在罐子里也清晰可见。事实上，只要近距离透过玻璃壁进行观察，虫子的一举一动便可尽收眼底。

那我们可以坐在岸边观察池塘里的情况吗？其实，只要仔细看就行！

如果看得够认真，大家就会发现，水龟虫的触角的确从水中露出来了一点儿。令人惊奇的是，虽说它触角的顶端已经伸出了水面，可身子却仍藏在水下。水龟虫获取空气的方法甚是奇妙，大家或许会觉得这比龙虱的气泡更为有趣。

水龟虫的触角造型独特，其靠末端的最后四节比其他环节都更大，形状也明显不同，看上去就像一串旋钮。正因如此，它才被称为锤形触角或棒状触角。

水龟虫触角的锤形末端布满了极细的绒毛，故而不怕被水浸湿。

虫子在收集空气时，并不会把整个触角或其末端全都伸出水面。它更习惯弯起触角，将末端的最后三节往下压，同时只把末端第一节的顶部露出水面，而空气的流动也正是从这个细小的顶端开始的。

薄薄的空气裹住了水龟虫的整个下半身，它的胸部和腹部似乎覆盖着一层气体薄膜，就像在水中被镀上了一层银光。在胸廓下方，即前、中体环之间的部位，有一对大气门，它们连接着遍布甲虫全身的气管—支气管网络。

在水龟虫的腹部上方，或者说鞘翅下方，有六对腹部气门。来自气管的空气经过这些开口后，就被挤到了鞘翅下方，又从那儿被排入水中。

所以，水龟虫体内的气管网络可以借助几对气孔与其体表的空气相通。其中，位于胸部的那对气门是吸气口，位于鞘翅下方的背部气门是呼气口。经胸部气门吸入的空气顺着气管流向全身，最后又会通过背上的呼气口被排出体外。

乍一看，水龟虫这套体内呼吸机制也没什么大不了的。要知道，气管里的空气本身是不会流动的。由于氧气在不断消耗，毛细气管里的氧气储量会越来越少（此处正是耗氧之所）。不过，氧气分子会从较粗的气管（这里空气含氧量丰富）流动到较细的气管，这样氧气就会一直处于流动状态（可以回顾上文有关龙虱以及"气体连通器"的内容）。然而，空气却不会因此自行流向他处，可问题是，不保持流动同样是不行的，否则氧气的存量就难以恢复之前的储量。

那么，如何才能使空气在气管内流动呢？请大家再次回想一下龙虱的故事。这种甲虫倒挂在水面上时，其腹部并不是静止不动的。走近一看，我们可以注意到它的腹部时而微陷，时而略胀。龙虱正在不停地吸气和呼气，而这就是空气在甲虫气管内保持流动的外部表征。

各位现在不妨仔细观察一下正在"储存"空气的水龟虫，可以看到它的腹部并未完全静止，而是如龙虱那般，一会儿缩小，一会儿又扩大。实际上，类似的运动对甲虫的气管是有影响的，但主要还是体现在气管的扩张现象和气囊反应上。水龟虫的这些气囊也会收缩、膨胀，所以空气就从胸部的气门吸入，又从背上的气门排出。既然有吸入和呼出两个动作，那就意味着空气正在运动，气管中出现了气流。

水龟虫在吸气时，积聚在胸部的空气有部分会被吸入胸内，这时会发生什么呢？如果甲虫的胸部被水浸湿了，那就不会有事发生，顶多就是那里不再发亮而已，因为包裹身体的那层空气消失了。但现实情形是，水龟虫的胸部由于覆盖着极细的绒毛，所以终究是浸不湿的。

水龟虫的胸部和腹部均覆盖着一层亮闪闪的"银色"薄膜，这是因为空气被困在了绒毛之间。当其中一部分空气被气门吸走时，绒毛丛内就出现了空隙，但自然界中是没有空隙可言的。既然如此，那有什么可以填补这些多余的空间？水吗？不是，布满胸部的绒毛是不会被浸湿的，所以水也无法趁机渗入绒毛丛中。意思就是说，水填补不了因空气变少而产生的"空缺"。

那会是空气吗？当然，只有空气才能立即填补"空白地带"，毕竟周围一圈都是那层空气薄膜。空气会从邻近的部分移动至气门处，进而填充空隙。

水龟虫身体下方空气薄膜里的空气流动现象，正是由以上过程引发的。既然这道气流有一个"终点"（气孔入口），那照理说，它也就该有个"起点"。新鲜的空气一定是有源头的。

源头就是大气层，这是一个取之不尽的仓库。那空气究竟是怎么进来的呢？正确答案就是通过弯曲的触角渗进来的，而那儿正是气流开始的地方。

在触角锤状末端朝下弯的最后几节上，笼罩着一层薄薄的气膜，进而出现了一根与胸部气膜相接的气柱，这是因为锤状末端大部分都是朝着胸部向下弯曲的。而触角的顶端，即最后一个锤状节的末端，又紧挨在水龟虫的侧面。由此便可得知，气流的运动方式如下：空气→触角锤状末端的空气柱→水龟虫胸部气膜→胸部气门→气管……腹部上侧的气门→鞘翅下方的空间→水体。

由于废气是从鞘翅下方被排入水中的，所以时不时都有气泡从鞘翅末端冒出。剪去触角的水龟虫是无法在水里生活的，它会窒息而死。可要是在陆地上，那就另当别论了，因为空气会直接被甲虫吸进胸腔气门。

水龟虫主要以植物为食，如绿色的鞘毛藻，水生植物柔软的小叶子。它们也会吃小型水生动物的尸体，如水栖昆虫、蠕虫、小虾等。它们甚至还会攻击软弱无力、奄奄一息的小鱼，但对那些敏捷而强壮的动物却提不起兴趣，想想看，一只行动缓慢的水龟虫怎么可能追上并制服这种猎物呢？

仲夏时节，可以去水草丛中捕捉水龟虫的幼虫。它们又肥又笨，外形跟龙虱的幼虫相去甚远，不仅如此，二者的颚部与习性也皆大有不同。

现在，网里刚好掉进了一只龙虱和一只水龟虫，得赶紧把它俩弄出来。龙虱的幼虫在网上爬得相当灵活。用手抓它的时候要当心，因为这家伙可不会放过任何咬人的机会。相比之下，水龟虫的幼虫就不会反抗，一旦被抓，立刻就会服软，摆出一副半死不活的样子。即便用指头捏，它也不会咬人。不过，它也有可以吓跑敌人的办法，即用从肠管里反流出来的黑色液体喷向敌人。

但不管怎么说，水龟虫的幼虫仍被视为肉食性昆虫。那它的猎物都有哪些呢？很明显，就是那些能让这种行动迟缓的猎人追上并制服的水生动物。

类似的猎物其实很常见。比方说水蜗牛就不用追赶，因为它爬得极慢。要是能弄碎蜗牛的壳，抓起来就不难。事实证明，小型水蜗牛的确是水龟虫幼虫的主要猎物，后者对小扁蜷螺情有独钟。这种蜗牛背上驮着一个螺旋状的小卷壳，大小不超过一枚二十戈比[1]的硬币，厚度则是这种硬币的两倍。至于水中的其他动物，只要是水龟虫幼虫能抓得住的，它都会设法擒拿，连小鱼都能捕食。在一个满是水龟虫的池塘里，鱼类通常很难繁殖，因为鱼苗都会成为猎人的盘中餐。

所以说，水龟虫跟龙虱一样，都是养鱼者的心头大患。龙虱的幼虫只在水下吞食猎物。其颚部生有管腔，一旦将双颚扎入猎物体内，就会开始吮吸对方体内的物质，而水既冲不掉消化液，也带不走已被液化的食物。

尽管水龟虫幼虫的颚部没有管腔，但它仍采用了肠外消化的办法，同样是把消化液吐在食物上。不过，它并不会将消化液注入猎物体内，只是从外部随意喷洒。

可是，用这种办法真能在水下正常进食吗？当然不行，水

---

[1] 苏联时期流通的一种硬币，材质为铜镍合金，直径约合21.8毫米。

会把消化液冲走的。那水龟虫幼虫是如何捕食猎物的呢？它的办法很简单：水外进食。

不过，水外进食并不表示一定要钻出水面，把脑袋探出来就行。水龟虫幼虫就是这样做的，它们抓到蜗牛后，就会顺着植物爬向水面。其实，也不用爬很远，因为幼虫平时就待在水面附近的植物丛中。为了呼吸，它们得朝上爬（呼吸方式与龙虱幼虫一样），但由于本身不善游泳，所以只能"步行"，可是如果从深水区出发的话，又会消耗太多时间。正因如此，幼虫才喜欢在水面附近的植物丛中聚集，这儿离空气不远，还能吃到蜗牛。等爬近水面后，这些小家伙就会把脑袋和胸部探出水面。

水龟虫幼虫的上颚与龙虱幼虫那长镰刀似的颚部完全不同。前者的上颚又大又硬，用这东西来捣碎蜗牛的壳，简直就是小菜一碟，大伙儿看一眼便知。

把蜗牛壳咬开并弄碎后，幼虫会往猎物身上浇灌自己吐出的消化液。接着，它就开始吸食猎物被溶解的部分身体，然后继续吐出新的消化液……再次吸食……如此反复，直到把整个蜗牛吃光。

以水龟虫幼虫的方式来进食是件相当麻烦的事情。它用脚钩住植物的同时，还得用触角和颚部抓着猎物。换言之，幼虫必须三管齐下：抓着猎物、击碎外壳、同步吸食。幼虫吃东西时，脑袋还要扭来扭去，非得折腾一番后才肯安定下来。但龙虱的幼虫就不会这样，吃东西时几乎一动不动，它们只要把颚部扎进猎物里，即可畅享大餐。这些虫子甚至都不用费力抓着猎物，因为对方就像被缝在了幼虫脑袋上一样，挂得特别牢。

龙虱和水龟虫的远祖都是千百万年前生活在地球上的陆生甲虫。但龙虱和水龟虫却并非源自同一个陆地祖先，它们各有各的亲属关系。

地球上的甲虫种类繁多，如今已知的就超过了三十五万种。其中不乏甲虫、瓢虫、色彩鲜艳的吉丁虫、叩头虫以及其他种类的昆虫。龙虱属于肉食亚目甲虫，例如步行虫就属于这一亚目。而水龟虫则属于多食亚目甲虫，其中还包括五月甲虫、花金龟、叩头虫、瓢虫。这么说来，水龟虫和龙虱又算哪门子亲戚呢？

尽管如此，龙虱跟水龟虫之间还是有很多相似之处。它们那长长的多毛后腿都进化成了一种独特的"桨"，即我们所称的游泳足。此外，二者皆拥有光滑的流线型身体。这些特征都与它们在水中的生活息息相关。

水中生活可以改变生物的外观，所以两种虫子都具有"水栖形态"。可要是光从这点看，水龟虫与龙虱长得也不怎么像。它们比邻而居，栖息在同一个池塘里，然而却都按照自己的方式逐水生活。大家要是见着了活的甲虫，马上就能发现这种差异。它们游泳的方式不同，呼吸和进食的方式也各有千秋。至于二者的幼虫，那完全就是两码事。

通过龙虱和水龟虫的例子，我们可以清楚地看到，在同一种环境中，动物能以截然不同的方式存活。纵使客观环境可以刻下自己的痕迹（正如水中生活影响了龙虱和水龟虫的身体构造），但生物继承自祖先的特征也并未完全消失殆尽。因此，生活在同一种环境下的不同生物会产生不同的适应结果，而这是因为它们的祖先彼此之间原就存在着鲜明的差异。

无花果小蜂

　　它有很多名字，如果是烘干或风干的，则被称为干无花果，要是新鲜的，则被叫作无花果，就连树木本身也被人称为无花果树。

　　我们面前的这棵树，上面满是宽大且漂亮的叶子。在某个晴朗的日子里，我发现树上出现了一些小纽扣样的东西。这些绿色的"纽扣"逐渐长大，变得像小梨子一样。后来，它们继续生长，开始发红、转青、变紫黑。无花果终于熟了！

　　这棵树是什么时候开的花呢？毕竟，无花果是"果实"，它们里面有许多小种子。那花呢？似乎谁也没见过。

　　绿色的无花果长得好似一只缺了瓶颈的玻璃瓶，里面藏着一些小花儿。"玻璃瓶"厚厚的外壁就是日后干无花果的果肉，但它既不是果实，也不是花朵。简单来说，它像是一束嫩枝。花托、花梗、花柄都长在了一起，连成一大片后就成了无花果的果壁。大家想象一下，假如向日葵花盘的边缘一边生长，一边又逐渐上卷，最终就会变成内壁结满籽的瓦罐状的东西。无花果亦是如此，最后也长成了一个盛满小花儿的"玻璃瓶"。

可惜向日葵的花盘我们没法吃，只能享用它的种子。至于无花果，它最美味的部分就是"玻璃瓶"的厚壁，我们咀嚼起来时，它的种子比较碍事，会卡在牙齿中间。

"玻璃瓶"里的花朵非常小，看起来根本不像花。它们彼此挤在"玻璃瓶"里，如同苔藓一般附着在内壁上。"玻璃瓶"顶端有一条狭窄的通道与外界连通，上面密布着细小的鳞片。雄花仅由雄蕊和一些不起眼的鳞片组成。通常，一朵花里只有一个或两个雄蕊，极少有更多的。

雌花由雌蕊组成，一共分为两种：长蕊雌花和短蕊雌花。

有的"玻璃瓶"中同时存在三种类型的花，但有的却只有雄花，而有些既有雄花，也有长蕊雌花，还有些则包含了雄花和短蕊雌花。此外，这些花在"玻璃瓶"中的分布方式也不尽相同，有时，它们会生长在一起，有时，雄花位于入口处，而雌花则藏在更深处。

无花果的花及花序在外形上各有千秋，原因就在于这种树有很多不一样的品种。

短蕊雌花无法结出种子，因为它的柱头不发达，不适合授粉。但这并不表示这种花就是一种畸形的存在，它们其实十分常见。很明显，这种雌花肯定在某方面对无花果树的生长有益。

无花果确是一种有趣的植物。虽然它的花不像花，但花壁却香甜可口。不过，最重要的还是那些住在树上的优秀

"房客"。

风不能给无花果的花授粉，因为"玻璃瓶"里是不透风的。它们只能靠虫子来传粉，然而并非任何一种昆虫都能胜任此项工作。

就算不知道给无花果授粉的具体是哪种昆虫，想来，也绝不会是蝴蝶。试想，哪种蝴蝶有能耐挤过"玻璃瓶"狭窄的瓶颈呢？即使对熊蜂、蜜蜂和黄蜂而言，这条通道也显得过于狭窄。更重要的是，"玻璃瓶"里没有甜汁。既然如此，那为什么爱吃甜食的虫子还要一股脑儿地往里头钻呢？

事实上，给无花果授粉的都是些小昆虫，诱使这些家伙上钩的也不是甜美的花蜜。因为它们的身份不是客人，而是住户。

这些小虫子分属很多种类，统称为毛蚋科昆虫。

它们都是无花果树上的常住民，通常被称为榕小蜂，而从这种小蜂的工作内容来看，人们又称之为"无花果授粉者"。这些虫子体长甚至不到两毫米，雌蜂有翅，雄蜂无翅。

榕小蜂幼虫在发育过程中以无花果的子房为食。所以，这类子房是结不出种子的。然而，也并非所有的子房都会被糟蹋。

野生无花果一般生长在外高加索山区和中亚部分地区。这些无花果拥有两种不同的"玻璃瓶"，一种里面长着雄花和短蕊雌花，另一种只长着长蕊雌花。有些树上开着某一种花，其他树上则长着另一种，因为无花果树是雌雄异株植物。

迷你花农

无花果小蜂通常都在既有雄花又有雌花的"玻璃瓶"中孵化。

雌蜂刚一出生，便开始在"玻璃瓶"里蠕动，极力想要爬出去。它一直朝着"玻璃瓶"顶端的狭窄出口行进。这里正好是雄花的所在，雄蕊此时业已成熟，雌蜂就这样浑身沾满了花粉。

爬出去之后，雌蜂开始清理身子。要知道，它浑身上下不只是沾上了花粉，且粘得特别厉害，因为"玻璃瓶"内部非常潮湿。所以，无论它使出何种招数，都没法将花粉彻底抖落干净。

清理完事后，雌蜂身上也干爽了，于是它开始给孩子寻找日后的住处。还未老熟的"玻璃瓶"最为合适，雌蜂为此在树枝上忙前忙后，在树木之间飞来飞去。

"玻璃瓶"终于找到了，雌蜂钻了进去，一直爬到雌花密布之处。"玻璃瓶"的厚壁和底部都竖立着大量的花蕊。它们弯曲着，向各个方向延伸。在我们看来，这不过就是团小绒毛，可对于雌蜂而言，却无异于一片真正的灌木丛，如果小蜂钻到最深处，完全可以藏得不见影踪。

雌蜂在这片花蕊灌木丛上飞奔，同时还将自己的产卵器刺入雌蕊的花柱，而且越插越深。小蜂必须把卵送至子房腔，因为只有在那里，幼虫才能正常发育。

花柱有长有短，可雌蜂才没工夫关心这些，它只管把产卵器插进花柱。待产卵器准备妥当，雌蜂马上就会排下一粒卵。

如果碰巧赶上花柱很短，那就更好了。蜂卵自会去到它该去的地方，即落入子房腔。

但如果雌蜂遇上的是一个长花柱的"玻璃瓶"呢？

那样的话，当雌蜂穿行于"玻璃瓶"内的花柱时，无形中就在柱头上留下了花粉。如此一来，授粉就成功了。可有时也会出现意外，雌蜂的确把产卵器插进了花柱之中，但无奈产卵器没有花柱那么长。结果，排出体外的蜂卵便没能抵达子房腔，幼虫也就不能发育。

雌蜂就是这样，始终都在一个接一个地寻找"玻璃瓶"。在一些"玻璃瓶"里，它沾了一身花粉，并产下了卵，而在另一些"玻璃瓶"中，它只把花粉留在了柱头上。

那些长着长花柱的"玻璃瓶"后来就变成了美味的无花果。至于被幼虫寄生的无花果，日后则不可食用。长着这种无花果的树甚至被戏称为"傻瓜无花果"，意思就是"没用的无花果"。

以上所讲，都是自然界中野生无花果的结果情况。

人工栽培的无花果则有许多品种。士麦那无花果被认为是最好吃的一种，它不授粉也不结子。然而，授粉者的蜂卵却只能寄生在无法结果的无花果上。不过，也用不着在花园里再种上几十株这样的树，占用空间过多不说，而且根本不能带来任何收获。

人们当然不会成百上千地栽种"傻瓜无花果"。早在两千多年前的古罗马，有人就注意到了这种无花果树的重要性。虽然那时没人知道其中真正的奥秘，但他们坚信，要是没有"傻瓜无花果"，无花果就没法生长，也就意味着吃不到美味的无花果果实。此外，他们还知道另一个常识，没有"傻瓜无花果"，那就得不到无花果的种子，之后也不会再有。

于是，当时的园丁想出了一个简单的方法。他们从野生的"傻瓜无花果"上折下树枝，悬挂在人工栽培的无花果树枝中间。在没有野生"傻瓜无花果"的地方，就种上几棵这种树，这样就有枝条可用了。

现在，人们大多通过扦插和压条来繁育无花果，很少再用野生的种子了。许多人工栽培的品种不用授粉也能生长良好。它们没有种子，也不需要种子，因为人们培植这种无花果的目的只是食用。

已知世界上有数百种野生无花果树及一百多种传粉的无花果小蜂。在克里米亚、高加索和中亚地区，无花果小蜂十分常见，它们都以普通的无花果树为家。若是没了这种虫子，人们就无法从无花果中获得种子。反过来，它们同样离不开无花果。没有"傻瓜无花果"的地方就不会有无花果果实。

无花果曾被引入北美地区。数年过后，人们又不得不引入无花果小蜂。因为没有它们的辛勤劳作，无花果就不能结出种子，而此前，北美本土并没有合适的无花果小蜂能担此重任。

金凤蝶的蛹

凡是刚开始收集蝴蝶的爱好者，都期盼着可以遇见美丽的金凤蝶。但我想提示的一点是，如果刚入门的爱好者住在莫斯科近郊或者更北面的地方，那就不太能常见着金凤蝶，它们在俄罗斯南方比较普遍。

金凤蝶的幼虫与众不同，又大又粗，而且色彩鲜艳。它们绿色的身体上分布着很多黑色的环带，上头还有许多橙色的斑点。

金凤蝶的幼虫从来不躲躲藏藏，何况它们本身就栖息在植物茎的顶端，靠近"伞形花序"的地方，那里可没叶子用来遮挡。再说，小型"伞形花序"它也进不去，因为里边太挤了，而大型"伞形花序"又过于稀疏，同样没法藏身。

这里的"伞形花序"是指伞形科植物的花序。金凤蝶的幼虫以此为食。它们生活在茴香、胡萝卜、欧芹，还有像"长笛子"一样的独活、亮叶芹、西风芹以及许多其他伞形科植物上。

幼虫鲜亮的色彩颇有警告意味。它们好像在说："别碰我，我不好吃。"一旦受到惊扰，幼虫就会用实际行动来展现其警告的力量。它们会突然从脑后弹出两个犄角般的鲜艳凸起物，试图用这把"叉子"吓走敌人，结果受惊的鸟儿只能放弃眼前这只可怕的猎物。此外，幼虫还会散发出一股强烈的气味……

仲夏时节，幼虫在栖息地化蛹。它们有时会向低处爬，有时也会留在高处，有时还会爬到树叶下面以求保护，但有时干脆就在光秃秃的植物茎上化蛹。什么情况都可能发生……至于它们为什么不在固定的地方化蛹，这个问题还没人能够解答。其实，我们也未必找得到答案，因为这里似乎毫无规律可循。

然而，要是给我一只金凤蝶的蛹，我就可以说出它原来生活在何处：是高处，还是低处；是在阴影下，还是在明亮处。或许可能有答错之处，但我给出的正确答案肯定会远多于错误的答案。

大家会好奇，我是怎么知道的？答案就是根据蛹的颜色来判断。

如果幼虫不在阴影中，而是在光线充足的植物茎上化蛹，那它就会呈现出浅色或黄绿色；倘若在靠近地面的阴影处化蛹，那它就将呈现出深暗色。

要是幼虫在完全黑暗的环境中化蛹，比方说，把它放在完全不透光的黑盒子里，那它又会是什么颜色呢？

估计很多人都会认为它"黑得跟炭一样"。然而，他们却大错特错了。在这种情况下，蛹的体表色会变得非常浅，几近

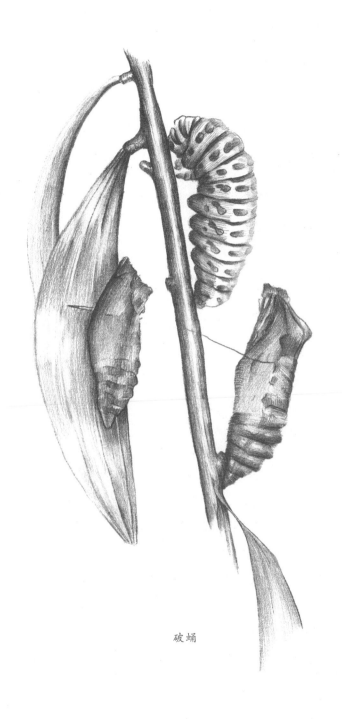

破蛹

全白。

这就奇怪了，蛹在明亮的地方化蛹是浅色的，在阴暗处则是深色的，可要是在完全黑暗的环境中化蛹，它的颜色不仅没有加深，反而比在明亮处的虫蛹更浅。

乍一看，这还真是莫名其妙。不过，只要大家弄清楚决定金凤蝶蛹颜色的因素究竟为何，那就没什么好奇怪的了。

我们可以捉些金凤蝶的幼虫来养。当幼虫准备最后一次蜕皮时，把它们分置在不同的地方。一些放在黑暗中化蛹，另一些则放在明亮处化蛹。这样就基本模拟出了它们在自然界中化蛹的环境。

还可以尝试更换不同的背景——深色的、浅色的、绿色的、黑色的。看看这对蛹的颜色有没有影响。

其实，到最后结果都差不多，蛹在黑暗以及深色的环境中会呈现出深色，在明亮处则通体呈绿色。

那这些颜色对蛹来说是否都有积极作用呢？答案是肯定的。深色的蛹在黑暗处以及茂密的树叶之间并不那么显眼。至于绿色或黄绿色的蛹，在亮光下同样不易察觉，因为这些地方的树叶和茎也都是鲜绿色的。

蛹的颜色极具保护性、隐蔽性。但为什么偏偏会形成这种颜色呢？背后的原因又是什么呢？要知道，毛毛虫和蛹可不会"考虑"在阴影里或明亮处变成什么颜色才合适。当然，它们什么也不会考虑，再多的"考虑"和"意愿"也不能帮助蛹变成它们想要的颜色。

众所周知，阳光是由多种有色光混合而成的。天上的彩虹，透过盛水的长颈玻璃瓶映射在旁边白色桌布上的彩色光点，还有物理教科书上讲述光谱的那一页……无论我们身处何方，总是能看到这些五彩斑斓的光线。当然，还有我们肉眼看不见的光线，如紫外线、红外线等。

再来看虫蛹，它们的外壳上分布着一些可以感光的物质。蛹的颜色跟这些物质的成分、数量以及分布位置都有着密切的关联。

光线照射在正准备化蛹的幼虫体表，或多或少地影响到了这些感光物质。然而，蛹的颜色正好取决于不同感光物质在数量上的变化及其在蛹壳中的分布情况。

紫外线会促进深色感光物质增多。在阴影里化蛹的幼虫会吸收更多的紫外线，因此颜色也就更深。在充足光线下化蛹的幼虫因受到黄光强烈的照射，体表黄色及绿色的感光物质随之增多，进而发育出黄绿色的皮肤。所以说，化蛹的地点及所在环境的颜色共同决定了蛹的颜色。

在完全黑暗的环境中，蛹的颜色很浅，呈灰白色，且身上还带有一些深色或黑色的条纹。这是为什么呢？要知道，全黑的环境中是没有光的，没有任何东西可促进感光物质的形成。

但如果把毛毛虫放在一个自然界中不存在的环境里，那又会发生什么呢？

让毛毛虫待在白蓝、白红或纯蓝、纯红的背景中化蛹并非难事，但结果却很出人意料。在蓝光下，我们会得到一个颜色极深，且几乎是黑色的蛹；而在红光下，大部分的蛹都是黄绿色的。原来，蓝光会促进深色感光物质的增加，红光则可以促进黄色及绿色感光物质的积累。

在蓝色背景中，那些几近全黑的蛹从远处即可得见；如果是在红色背景中，绿色的蛹则也会变得很显眼。那么在什么环境下，蛹才会发育出保护色呢？

在自然界中，无论金凤蝶是身处明亮的光线下，还是栖息在阴凉之地，都不会发育出那些只在蓝色或者红色环境中才会呈现的颜色。因为蝴蝶的颜色是有适应性的，可以为蛹提供保护和遮掩。蛹会根据自身所处的环境而发育出富有差异性的颜色。实际上，这都取决于具体哪种光线在起作用。对它们而言，主要存在两种情况，要么明亮，要么阴暗。蛹的颜色与此二者息息相关。

在自然界中，并不存在"纯亮"或"纯暗"的背景，因为蛹所处的环境也并非绝对。

事实上，金凤蝶并非随处可见，因此要想收集几十只这种蝴蝶的幼虫，绝不是说做就能做到的。大菜粉蝶倒是一种比较常见的蝴蝶。在它们栖息的地方，捉上几十只幼虫还是不难的。

即便把它们都放在饲养箱里，大菜粉蝶的蛹的颜色彼此间也会略有不同，有的浅，有的深，有的泛白，有的则发绿。在其他地方，这种颜色上的差异就更明显了。在白色的墙上，蛹的颜色很浅，浑身上下几乎都是白色的，而旧栅栏上的蛹则呈现出灰色，至于深色树皮上的那些，颜色则要更暗淡些。

我们可以捉一些成熟的幼虫，把它们分成若干组后，再放在不同的化蛹环境中。让其中一组在暖阳底下化蛹，这样它们就能享受到充足的光和热，其他组则可放在阴暗处。

这还不够。我们还有必要为正在化蛹的幼虫布置不同的背景——一组给白色，一组给绿色，一组给灰色，另一组给黑色。这项操作其实很容易，先把幼虫都放在小瓶子里，然后用彩色的皱纹纸从外面遮住瓶身即可。

还有另一种非常准确的方法，只是操作起有点麻烦。可以往大盆里倒满水，接着放上一个方形小木筏，木筏中间是一个八至十厘米高的垂直胶合板墙。我们需事先计算好方形小木筏的尺寸，以免之后连墙带筏一起翻到水里。此外，还要将小木筏和整面墙壁都用选好的彩纸包起来。

随后，在每片小木筏上都放一只早已断食并准备化蛹的幼虫，它们稍后自己就会爬到墙上化蛹。

最后，我们就可以看到将会有什么样的蛹出现，也能了解到光照和颜色对它们自身的体色都产生了何种影响。

各位或许能注意到，暖阳底下的蛹的颜色要比黑暗中的更浅。此外，蛹所处背景的颜色也会对其体色造成影响。

那么还有什么发现？

为什么在暖阳底下，蛹的颜色会变得更浅呢？原来，浅色可以保护蛹避免接收过多的热量，因为在阳光的暴晒下，蛹会升温得更快。相反，在阴暗处，深色则更为有利，因为暗处的热量少，而深色可以吸收更多的热量。如果把正在化蛹的幼虫放在一个只有八至十摄氏度的阴凉地方，那么我们就能得到颜色更深的虫蛹。

所以，温度同样可以对蛹的颜色造成影响。

此外，周围环境也是影响幼虫化蛹的因素。与金凤蝶的蛹一样，体表颜色也在为大菜粉蝶的蛹提供保护。换言之，浅色背景下很难发现浅色的蛹，深色背景下很难看到深色的蛹。

然而，可别指望橙色背景能催生出橙色的蛹。如果大家愿意做这项实验，那最后得到的将是绿色的蛹。原因同金凤蝶的蛹一样，背景的颜色无法直接"拷贝"使用，再者，蛹自身的感色能力也是有限的。

在观察大菜粉蝶的蛹时，我们明显看出，夏秋两季的蛹是不一样的。

夏蛹体形更匀称，且棱角分明。它们的背上长有齿状或刺状的凸起物，且都还挺大个儿的，有时甚至还是弯曲的形状。相比之下，秋蛹的体形则不那么匀称，棱角也不分明，且背无刺突。

不仅如此，温度也会对蛹的外形产生影响，毕竟仲夏可比夏末热多了。

试着在仲夏时节收集一些大菜粉蝶的幼虫。我们可以把饲养箱放在阴凉的地方。等幼虫快要化蛹时，再把箱子挪到更凉的地方（八至十二摄氏度），让幼虫待在那儿化蛹。各位要记住，在热量不足的情况下，幼虫的发育过程将有所放缓。

化蛹结束后，仔细观察一下它们，这些家伙看上去就像在秋天里出现的那样，浑身都没长刺。

在荨麻生长的地方能看见荨麻蛱蝶。它们的幼虫也在荨麻上化蛹。大菜粉蝶、山楂粉蝶和金凤蝶的幼虫都会用腰带把自己固定住，荨麻蛱蝶则不然，它们的蛹都是头朝下挂着的，只有腹部末端会粘在一个柔软的小丝垫上。

荨麻蛱蝶的蛹有棱有角，通体棕色，还泛着金色或青铜色的光芒。蝶蛹一般都悬挂在那些惨遭啃食的荨麻叶子之间，如果仔细观察一下，就能发现它们中有的个体颜色偏浅，且金色要更明显些，其他的颜色则更深，光泽度也更低。前者都挂在光线充足的地方，后者则都悬于繁茂树叶之间的阴凉处。通过此观察，我们又一次亲眼见证了光线的作用。

光线、环境、色彩都会影响山楂粉蝶、孔雀蛱蝶、优红蛱蝶蛹的颜色。在任何地方，蛹的颜色都与周边环境密切相关，且这层颜色外衣总以各种各样的方式保护着蛹。

水中火箭

与蜻蜓难忘的初次邂逅还是在那遥远的孩童时代。当然，在此之前，我也曾见到过它们，夏日花园的小径，大门后边的空地，还有莫斯科老城里大块的草地庭院，在这些地方什么东西都会有！无奈那些年的相遇却没能被记忆留存。

花园的栅栏和干草棚之间有一大片草地。我们养的驴子在草地上逛来逛去，它任性且贪吃，哪怕只一刻无人看管，也定会惹出事端。大家央求着放它去草地上溜达，但我们这些孩子必须负责照看好它。大伙都用心盯着，或者更确切地说，是保护它柔软的嘴唇，生怕它误食周围碰到的一切（草除外）。绳子、干浴巾、落在花园篱笆上的抹布、浆果篮子、蘑菇篮子、筛子，这些都可能被驴子吞掉。

为了陪这头驴子，我在这片草地上一待就是几个小时，或站，或坐，而且频率还不是每周一天两天，简直就是没完没了。每回盯着驴子的同时，我也会环顾四周。棚顶上的喜鹊，花园栅栏上的小红尾鸲，荨麻蛱蝶……一切都非常有趣，可有时看着看着，竟然完全忘了驴子的存在。于是，它就会趁机搞点恶作剧。

有时，我们会在草地上支起几根晾衣绳。草地很宽，绳子很长。在草地中间，绳子被竖杆支撑着。当然，在晾衣服的日子里，驴子是不能进入草地的。

还真是神奇！只要一拉起绳子，一只漂亮的蓝蜻蜓就会翩然而至。时至今日，我依然不知它是打哪里来的。平日里，无论是在草地上还是在附近，我都不曾遇见过它。然而，只要草地上拉起一根长绳，十到十五分钟后，一只蜻蜓便会如期而至，并且永远都披着一件蓝色的外衣！

蜻蜓那宽扁的蓝肚子在阳光底下分外显眼。它张开双翅，悄然落在晾衣绳上，当然偶尔也会落到拴绳子的杆顶。要是受了惊吓，它就会立刻腾空而起，顺着绳子飞行一段距离，之后又重新落到绳子上……

它看上去似乎很容易就能被逮住，好像徒手就能抓到它。

其实不然！不论我从哪边拿着捕虫网悄悄靠拢，它总能有所察觉。有时感觉再走上一两步，然后再一抡网就能将其收入囊中……唉！最后这几步实在是画蛇添足，蜻蜓反而趁机逃走了。

我试着用各种方法接近它，踮着脚，弓着腰，悄悄地凑过去……但都是徒劳无用！

到最后，当我一看见晾衣绳，马上就会出于习惯，往前凑。

"到底还是抓不着啊！"

可我内心仍有着一丝侥幸："万一行呢……"

当然，我最终还是抓到了蜻蜓，但这已是数年后的事了。后来还知道了它的名字，真是简单得令人感到沮丧。

它叫"基斑蜻"，如此俊俏的虫子竟只叫这个名字？此名是瑞典著名博物学家卡尔·林奈取的，想必这位科学家根本就没发现它的美。

后来我才知道，只有雄基斑蜻腹部才会呈现出鲜艳的蓝色，雌蜻的腹部都是黄颜色的。

我仔细打量着自己抓到的第一只蓝色蜻蜓，总算明白了想要悄然无声地接近它为何如此之难。这只漂亮的蓝蜻蜓长着一对硕大的眸子，双目外凸，呈球形。它们不仅占据了脑袋两侧的所有位置，而且还朝前后上下突出。如此一来，蜻蜓就可实时监控周围的一切活动……这双眼睛看上去是细网状的，表面还泛着五颜六色的光。我曾在书上读到，蜻蜓的眼睛属于复眼，每只眼球都包含了成千上万个小眼面。于是，我便尝试着统计这些小眼面的数量，并透过放大镜开始对着蜻蜓之眼数数，结果还没数到一百个，我就已经搞乱了。

在这样的眼睛加持下，蜻蜓总能很快察觉到来犯之敌，至于那些正在移动中的威胁，对付起来更是得心应手。如果大家刚好处在蜻蜓与太阳之间，那它就更容易被吓跑。一个意外掠过身上的影子都能把它吓得落荒而逃。然而，作为一位一年级的小男孩儿，我的影子却没能吓走蓝蜻蜓。

这倒不是因为我主观上想避开它，而是那会儿还不知道自

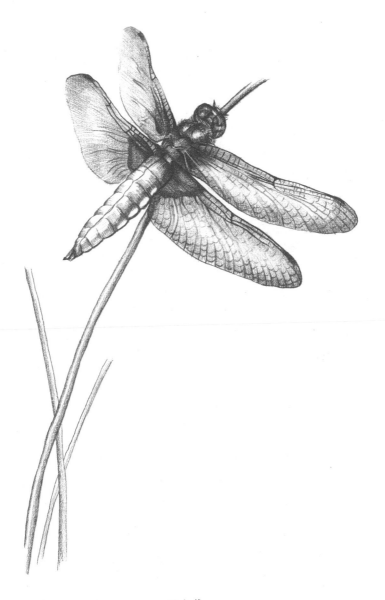

活火箭

己能被影子"出卖"。真实的原因很简单，由于当时的晾衣绳子挂得过高，我的影子怎么都没法落到蜻蜓身上。我是在不知不觉中用捕虫网把蜻蜓吓走的，因为只要把网竖起来，它就会变得跟旗帜差不多高。这样一来，捕虫网的影子就能落到蜻蜓身上，但更重要的是，白色的细布网看起来好似一个亮斑，稍微一动，蜻蜓就被吓跑了。

答案就是影子！在最开始捕虫的那几年，这东西总是坏我的事。后来，等我升级成了一名经验丰富的猎人和观察者，影子就很少能坏我的事了，因为每逢出击时，我都尽量不背对着太阳。

大家不妨试着观察一下各类昆虫对影子的反应。比如，看看落到花上的那些黄蜂、苍蝇、甲虫、蜜蜂以及蝴蝶。它们中有些喜欢钻入花里采蜜或花粉，而其他虫子去那儿只是为了歇歇脚、晒太阳。此时，一个影子从花上掠过，有的虫子动了动，有的立马就飞走了，还有的则表现得无动于衷。

有些影子落在了田间或草地的花朵上，有些则在林边或树丛里的花草间穿行……这些影子千差万别，生活在田野和林子里的昆虫对各种影子的反应也不尽相同。再者说，虫子也都各有各的习性，并非每一类都会那么胆小谨慎。

一边追着虫子，一边用影子吓唬它们，这样其实能看到并学到不少有趣的东西。

这么多年过去了，我学会了（更确切地说，是别人教会了我）如何捕捉那些性格最谨慎、身手最敏捷的蜻蜓。我轻轻松松就把蜻蜓世界里的巨人变成了自己的囊中之物，如蜓科、伟蜓、伯氏大蜓，还有伪蜻和春蜓。

其实也没什么秘密可言，就是得在黎明时早起。

清晨，我蹚过冰冷的露珠，前往池塘边、湖边、河湾岸边以及沼泽地带，想寻找夜里被寒气冻僵的蜻蜓。它们紧紧地趴在芦苇、莎草、灌木和树枝上，像是在酣眠，这会儿徒手就能抓住它们，而且还不用在乎影子，因为这东西压根儿就不存在。就算真的有，那也吓不跑一只僵住的蜻蜓。

实话实说，我并不爱捉蜻蜓。因为蜻蜓变干后，眼睛就会失去原有的光彩，腹部鲜亮的蓝斑、黄斑、绿斑以及条纹也将逐渐消失，就连天生有着绿胸蓝腹的伟蜓也会慢慢褪成棕色，变得跟浅色的普通蜓科蜻蜓没什么两样。总之，死去的蜻蜓就如同在雨中掉了色的劣质花布。

再者，我对收集死掉的蜻蜓也没什么兴趣。毕竟活蜻蜓比固定在大头钉上的标本可有趣多了。至于它们的幼虫，那就更有意思。头几次遇见蓝蜻蜓时，我就对它们有所了解。最近，旁边的池塘里出现了很多生物，光用筛子就能抓到不少甲虫、臭虫、蝌蚪、蜗牛以及各种昆虫的幼虫。

在这些蠕动的虫子中，肯定就有水虿[1]。它们中有的只会慢吞吞地爬，而那些又长又细的家伙却更加好动。这些虫子在外表上有一些共同之处，连我这个毛头小子都能一下子注意

---

[1] 即蜻蜓的幼虫。

到。可要是别人问起，恐怕我也答不出什么，只能从筛子里把所有的水虿都挑出来。但最重要的是，我知道这些小家伙以后都会长成蜻蜓，因为它们外凸的脑袋看着就很有蜻蜓的样子了。

水虿在水族箱中活得很是自在。它们从不挑食，所以比较好养。

蜓科的幼虫观察起来最为方便，因为它们不仅个头儿很大，更重要的是，个体发育期长达两年。换言之，幼虫自卵中孵化后，需要历经两个夏天，只有熬过第二个冬天，一直挨到第三个夏天才能变为成虫。在此期间，幼虫会长大到刚出生时的二十五至三十倍，中途大概还要蜕十次皮。

蜓科幼虫可以全年都养在水族箱中，就算在冬季也不成问题。

要区分基斑蜻与其他科蜻蜓的幼虫并不困难。当第三个夏天到来后，前者的幼虫会变得非常大，体长可达到五厘米，伟蜓的幼虫甚至还能长到六厘米。它们的幼虫在蜻蜓家族中都属于最大的几类。

蜓科的幼虫拥有一个细长的腹部，越靠近尾端越细，末端还粘着一些尖锐的凸起物。相比之下，蜻科幼虫的腹部则短而宽，看起来很短小。至于丝螅科、豆娘以及色螅科等小型蜻蜓，它们的幼虫不仅窄小纤细，且腹部末端均生有三片长长的膜瓣。

水虿都生活在水中。与其他所有水生生物一样，它们也具有跟水中生活方式相关的特征。这些幼虫最有趣的器官位于身体的前端和后端，而且在从水中捞出的水虿身上也能看到，可观察这些东西的具体意义何在呢？既然提出这个问题，那就有必要对水中的幼虫展开观察，而且最好还得趁那些器官正在工作时进行。

我带了十只蜓科的水虿回家。不过我并没有把它们养在水族箱里，而是放在了浅浅的玻璃结晶皿中，这些广口圆罐形结晶皿高度只有十来厘米。因为水虿不需要太多水，所以把它们放在结晶皿上观察非常方便。

我在底部铺了一层河沙，又放上了一把伊乐藻，这就是水虿的住所。

水虿是一种肉食动物，它们需要吃肉。蝌蚪、苍蝇、蚊子、孑孓都是合适的食物，用柔软的小毛毛虫喂养也行。它们还会吃生牛肉。不过，喂给水虿的食物必须是活的，因为它们只攻击会动的猎物。因此，我们在投喂生肉时，必须用小棍子搅动，否则水虿就会拒绝食用。久而久之，等它们习惯了小肉块的味道，即使我们不再搅动，这些家伙也会自动开吃。

由于小饕餮每天都需大量进食，所以绝不能把大小不同的水虿养一起。不然的话，大一些的饿肚子时就会攻击体形较小的同伴。

大家在观察昆虫进食时，不管面对的是成虫还是幼虫，总能遇到有趣的事情，特别是那些肉食性昆虫在吃东西时，更是如此。因为捕食者需要狩猎，而且猎物还得是活的。在观察它们进食时，不仅要看它们是怎么个吃法，还需了解身为猎人的它们是如何制服猎物的。

那么，蜓科的幼虫究竟是如何狩猎的呢？

我随机挑了个盛有幼虫的玻璃皿，然后往里投了只蝌蚪，就想看看幼虫将如何狩猎；眼下只有我自己一个人，所以没法同时监测多个水虿。尽管玻璃皿上的那些幼虫都饿坏了，但是其中仅有一只可以获得食物。不过这也没什么，让其他小家伙先等等。它们其实也饿不了多久，一旦第一只幼虫抓住蝌蚪并开始进食，我很快就会投放第二只、第三只。总之，有多少只幼虫，我就会放多少只蝌蚪。当一切既定观察目标都完成时，我就会把十只蝌蚪全投进去，让它们吃个够！

蝌蚪在伊乐藻枝间不停地游来游去。它游向玻璃壁，咬住了附在上面的绿苔，然后就一直挂在那儿。这一连串动作，蝌蚪都完成得相当麻利，但最重要的是，它周围居然连一只幼虫都没出现。实际上，是那些虫子自己没注意到猎物，而后者却在大快朵颐地啃食着藻类结成的那层绿苔。

蝌蚪还在清除玻璃上的绿苔斑，但我把它放进来可不是为了做保洁。于是，我用一根小棍把它从玻璃上拨开。它抖动尾巴游走了，此时事情出现了变化……

幼虫注意到了蝌蚪，至少已经把头转向了猎物那边。

此时，蝌蚪游得更近了，可幼虫依然纹丝不动。不过，它却从脑袋底下伸出了一条形似畸形胳臂的长板子，蝌蚪就这样被抓住了，幼虫把它夹到嘴边，塞进了嘴里。

以上就是水虿捕食的全过程。

接着，我又放下了第二只蝌蚪。幼虫此番表现得稍有不同，它隔着老远就发现了蝌蚪，并悄悄向对方爬了过去。然后又是一招快"手"，瞬间就捕获了猎物。捕食者既没跳跃，也没冲刺；既没用嘴，也没用足。

它们用的是一种特殊的抓取器官，这个小玩意儿就位于幼虫身体的前端，长在它们的脑袋上。

这种器官有一个特殊的名称——脸盖。事实上，这东西只是一个变异过后的下唇。当它向前伸展时，看上去就像一块中间可以对折的长板子，而且末端处还带着两个活动的大钩。幼虫捕猎时，先是把长长的脸盖向前抛出，然后那对活动的大钩就会紧紧地钩住猎物。接着，幼虫又把下唇折叠收好，猎物自然而然就送到了嘴边。

平日里，折起来的下唇就像面具一样盖在幼虫脑袋的前端，正因如此，大家才管它叫"脸盖"。

脸盖是一套非常精巧的设备。水虿不会游泳，爬得也慢。对它们来说，光接近猎物是不够的，还得能捕获并抓牢对方，为此，幼虫便发育出了这一独特的捕捉器官。当然，下唇也不会一下子就从托举食物的器官变成捕捉猎物的器官，这中间其实经历了千千万万代的进化。

我盯着水虿，想象着它们的唇形是如何一步步演化的。结果毫无头绪，看来我的想象力还很不足。不过当这些进化的结果都摆在眼前时，还真是奇妙！

幼虫正在一只接一只地捉蝌蚪，它们都忙着进餐。那些侥幸逃脱的蝌蚪看似在清洁绿油油的玻璃内壁，但其实也是在吃东西。大家都在以自己习惯的方式觅食，要么刮，要么抓。

既然水虿都生活在水中，那它们是怎么呼吸的呢？

我倒是从没见过浮出水面的水虿。再者说，不管人们如何观察，终究是看不出所以然的。也许某只水虿会偶然来到水面，但只要瞥上一眼就知道它不是上来换气的。

显然，水虿是不需要空气的。倘若果真如此，那就说明它们需要的其实是溶解在水中的氧气。

如果大家仔细观察的话，就会发现水虿的腹部时胀时缩。很明显，这是水虿在吸水，不然它的肚子为什么要一会儿缩，又一会儿胀呢？

我找来了一个有水的罐子，在底部放了一些非常细的沙子，又往里放入了一只水虿。

水虿自己没有动，但它身后的沙子却在轻微地扰动，它似乎正在排沙。它的腹部每收缩一次，尾部就会出现一股微动的沙流。很明显，水虿正在把什么东西从腹部挤出去。这是什么呢？自然是水。

腹部的收缩以及细沙的流动都是水虿呼吸器官处于工作状态的外部征兆。这些器官位于肠道的后部。当然，在活的幼虫身上，上述器官都是不能直接看到的。

如果沿水虿的背侧纵向划出两道切口，紧接着又在这两道切口间再开两条横向的切口，然后再把背部的皮肤揭下来，这样就能看清其内部结构了。

肠道位于水虿身体的中部，两侧各有一根管子，上面还有许多细小的分支向外延伸着，且末端大部分都嵌连在了肠壁上。这两根带凸起的粗管子就是水虿的气管干。

水虿的呼吸器官位于肠道的后方，并在肠道末端扩展成了一个囊袋。其内部长着很多凸起物，看上去就像柔嫩的花瓣，故而得名鳃瓣，而在每个鳃瓣中又分布着许多细小的气管。这就是所谓的直肠鳃（直肠是肠道的最后一部分）。在直肠鳃的帮助下，气管会被含氧丰富的空气填满。水虿都是先将水直接吸入后肠，然后再将其排出。当水流途经肠道时，肠子就能获得氧气。另外，虫子的腹部末端还长有三根大尖刺。当尖刺分开时，肠道的入口随之打开。水虿在水中时通常就保持这种状态。

假如水虿出于某种原因离开了水，它便会压紧尖刺，关闭肠道出口。要是此时后肠中还存有足够多的水，那它也能在水外呼吸一段时间。

水虿腹末的尖刺不仅是一种独特的水门，也是它的防御工具之一。被捕获的水虿会弓起身子，试图用尖刺扎伤敌人。当然，这种自救方法也并非屡试不爽。比如，龙虱就拥有坚固的外壳，它们才不怕尖刺的吓唬。退一步说，就算水虿把敌人刺伤了，并因此脱身，可它自己也受了伤，所以尖刺也不见得总能救命。况且这世上也没有哪种手段可以百分之百抵御敌人的侵袭。水虿也不例外。

此外，后肠中的存水也可使水虿以一种独特的方式前行。

我只是稍稍碰了一下水虿，它立马就闪到一边。然而，它既没用脚，也没挪动身子。可是经它自己这么猛地一推，水虿早已跑到了十厘米开外。它稍息片刻，接着又是猛地一冲，径直蹿向了前方。

这些水虿究竟是怎么移动的呢？如果有所了解，想要彻底弄清楚倒也不难。可要是完全不懂，那该怎么办？答案只有一个：仔细观察。

可以用细枝触碰一下待在水底的虫子。只要动作轻柔、小心，它还是会爬开的。可要是用力怼它，水虿一下子就会蹿出去，紧接着，就开始快速地挤压腹部，用力把水从肠道中排出。这时，后坐力会一直推着它向前走。水虿就是以这种类似喷气式火箭的方式运动的，只要蹿得够远，就可以逃脱敌人的威胁。等把水重新吸入肠道后，它就能不断地重复这种跳跃动作。

在观察蜓科幼虫的过程中，我们还能看到什么呢？

水虿的颜色是一种保护色。生活在水底植物丛中的水虿是绿色的，而生活在水底深色淤泥上的水虿则是棕色或褐色的，有淤泥、发黑的烂叶以及碎叶茎、破树枝作掩护，外界几乎发现不了它们的踪迹。水虿也需要隐蔽自己，尽管它们被归为捕食者行列，但在更强大的捕食者面前，它们也很容易成为对方的猎物。

然而，如果把出生两年的绿色水虿移至深色背景中（或将深颜色的水虿移到绿色背景中），它的颜色并不会发生变化。因为水虿只有在幼年时才会根据所处栖息地的环境变绿或变暗，再往后，它的颜色就固定下来了。如果说生活在绿色植物中的水虿是绿色的，生活在水底的是深色的，那这并不是因为绿色的水虿掉到水底后颜色才变深，而是另有原因。因为在深色背景中，绿色的水虿比其深色的同伴更容易被发现，进而率先成为捕食者的攻击对象。因此，绿色的水虿在水底都活不长久。

在最后一次蜕皮前，水虿会从水中爬出来，来到芦苇、莎草、慈姑等植物上驻留。上岸后，它们将完成最后一次蜕皮，接着就会变成蜻蜓（蜻蜓没有蛹期）。在夏季的芦苇和莎草上，水虿蜕下的皮并不少见。各位只需看一眼便能认出，如果单凭形状无法识别的话，那么根据脑袋上那对头盔般的大眼睛也准能猜到。

当我还是个小男孩儿时，就知道这些会飞的蜻蜓肯定能以某种方式在陆地上生活。但它们是如何来到陆地上的，我却不得而知，而且也从未留意过芦苇上的水虿蜕下的皮。如果那会儿我注意到了这个细节，应该就能猜到它们是从水里爬上来的。

可惜事隔多年，我已记不清当时的详情了。不过有一点我倒是记忆犹新，无论在水族箱里养了多少只水虿，它们最后都没变成蜻蜓，全都死了。显然，那时的我尚不知秘密何在，没有为它们安排好登陆的通道。要不然，我怎么会孵不出蜻蜓呢?

现在,我非常清楚自己需要做什么。如果想亲眼见证蜻蜓的成长过程,那就得在春天捉一些非常大的水虿备用。已经越冬两次的成熟幼虫可以长到四至五厘米,夏天的时候它们肯定能变成蜻蜓。要是捞上来的都是些还没成熟的水虿,那就只能再等上一年。

抓到水虿后,可以先把它们放进水族箱里养起来,给它们充足的食物。然后将几根长树枝插入箱底的沙子里,以便虫子日后爬出水面。接下来,各位需要每天都盯着水虿,一旦发现有虫子脱离水面并爬上树枝,那就别再移开眼睛了。

爬上树枝的水虿用爪子钩住枝条后就静止不动了。它待在那儿,一动也不动,像是睡着了。此刻不要打扰它,更不要碰它。水虿并没有睡着,而是已经开始蜕皮,只是从外面还看不到任何迹象。的确,它那薄薄的眼睑似乎变得更加透明了,但这种变化不易察觉。不过也说不准,或许这只是个人的感觉罢了。

一段时间过后,在水虿的胸部上侧(背部)出现了一条纵向的裂缝。裂缝越长越大,而且还在朝虫子脑袋的方向延伸。裂缝的边缘逐渐向两边分开,进而形成了一道裂口,往里可以看到蜻蜓的脊背。裂缝还在进一步撑大。这时,在水虿的两眼间突然出现了一条横向的裂口,其身体前部似乎也变得膨胀起来,裂缝的边缘正在逐步分开,蜻蜓即将钻出,露出了它那挺得像小丘一样的胸部。

此时，水趸背部的裂缝与头部的裂口连在了一起，进而形成一个巨大的豁口，蜻蜓就是从这里探出了自己的脑袋。

头和胸都已从裂缝中伸出，蜻蜓开始把身子往后仰。它弓起身子，努力使胸和头远离树枝。要是各位看到了这个场景，立刻就能明白蜻蜓这么做的道理。

因为蜻蜓接下来要开启一项非常艰巨的工作，它需要把脚从之前的"旧皮"中拔出。

这些脚不仅细长、柔软，而且还被旧皮裹得很紧。要知道，这张旧皮可不是什么松松垮垮的东西，而是一个紧贴着脚的皮套子，更何况还不是直筒子。

水趸一度都是紧挂在树枝上的，所以它的足也就一直处于弯曲状态。可这副皮囊偏偏又是个弯弯曲曲的筒状物，如今硬要把足从中抽出，自然万分困难。

蜻蜓后仰的力度越来越大，目的就是要把足从旧皮中抽离。当拔到足的末端处（跗节）时，它的姿势早就不再是单纯的后仰了。蜻蜓现在几乎是倒挂在旧皮上了，这种姿势不仅奇怪，而且看上去也不舒服。拔出后足尤其困难，它们都是直到最后一刻才被费力拔出的。

现在，蜻蜓所有的足都顺利抽离了旧皮。它轻轻晃动着新足，好像在测试它们能否完成那些必要的动作。由于这些足暂时都悬于空中，所以还没来得及抓住任何东西。再说，眼下蜻蜓都还在那儿挂着，它的足自然也是一直举着的。不时晃晃足，把足稍微分开后又收拢在一起，蜻蜓这会儿能做的也只有这些了。

现在，只剩下腹部的末端还留在旧壳里，只要将其拔出，蜻蜓就能彻底脱离原来的水虿壳。还差几步即可结束……显然，蜻蜓此时早已精疲力竭，它累得一直倒挂着，一动也不动。人们看到它这副模样，很容易就误以为它快死了。

我试着轻触了一下蜻蜓。它没反应，用力多碰几次也还是弄不醒。十分钟、十五分钟、二十分钟过去了。蜻蜓休息妥当，当然也变得更强壮了。剩下的事其实也不多了，只见它弯下身子，用足抓紧树枝，用力把腹部从旧皮中拉了出来。

大功告成！

眼下，停留在旧壳上的还是一只年幼的蜻蜓，暂时飞不起来。因为它背上的东西还不能算是翅膀，那只是一些又短、又厚、又软的片板，黏糊糊的不说，而且上面还布满了褶皱。然而，随着蜻蜓身体里的血液逐渐流入翅膀，慢慢的，翅膀也被拉直了。最后，翅膀的气管内也都灌满了空气。

五六个小时之后，蜻蜓的翅膀已伸展到正常尺寸，硬度也达到了飞行的要求，外皮也变得结实了。现在，蜻蜓终于能如愿翱翔蓝天，很快便飞走了。

不过，它还没完全长大，所以颜色仍然比较淡。等再过几天，它的肤色就会变得鲜艳而明亮。

姬蜂家族

看蝴蝶从蛹中羽化，是一件非常有趣的事，特别是对于那些还不太了解毛毛虫的人而言更是如此。不过，熟悉它们的人却很容易就能找到毛毛虫，也知道之后会羽化出怎样的蝴蝶。要是遇上了罕见的毛毛虫，蝴蝶爱好者则会迫不及待地想看到成虫，但老手通常都比新手更有耐心。

那么羽化出的蝴蝶到底会长什么样呢？也许都是些最漂亮、最稀有的？毕竟那些毛毛虫长得如此与众不同。

有时，"惊喜"会突然出现了。蛹竟然没羽化出蝴蝶，取而代之的是一种长着四只窄窄膜翅的昆虫，它们的腹部末端要么拖着一根细长的"尾巴"，要么就吊着一个锥子状的东西；有时还可能孵出苍蝇，就像普通的家蝇一样，只是个头儿稍大，且浑身长满了刚毛。

经验丰富的蝴蝶收集者也会遇到这样的麻烦，好在这种事并非经常发生。只要瞧上一眼蛹，这些人就会知道里面能否羽化出蝴蝶。

大菜粉蝶的毛毛虫并不罕见，且很容易饲养，化蝶也非常容易。当它从蛹中羽化后，你就会得到完好无损且尚未飞走的活蝴蝶。

我在夏末抓到了一些几近成熟的大菜粉蝶的幼虫，并将它们都放进饲养箱里。再过一周或一周半，它们就会化蛹。

起初，所有的幼虫看起来都一样。但在第四次，也就是最后一次蜕皮后，其中某些已经发生了变化。它们变得不那么爱动了，好像长胖了，颜色也似乎变黄了，就连粪便都变成了黄色，甚至是橙黄色，但此前它们的粪便是接近绿色的。虽然并非每个人都能注意到这些变化，但这的确是一个清晰的信号。

化蛹的时刻来临了。幼虫沿着箱壁向上爬，到达顶部后，开始吐丝织垫子，接下来便一直处于静止状态，随时准备化蛹。

然而，就在幼虫准备化蛹到成蛹之间的这几天内，意外发生了。

一些细小的幼虫突然从幼虫身体里破皮而出。它们通体发白，长得像蛆虫一样。它们一点儿也不急着从幼虫身上爬开，而是当场围着自己编起了黄茧。这些小茧的数量还真不少，有好几十个。

幼虫快要死了，在它身体两侧，甚至在它的躯干上，到处都缠着黄色的茧。

这种情况并不少见。但凡是在夏末捕获到的成熟的大菜粉蝶幼虫，其中总有那么几只会被寄生。

那些黄茧其实是大菜粉蝶身上一种寄生虫的茧。它们的

寄生梦魇

名字叫菜粉蝶绒茧蜂。人们之所以这样称呼，是因为它们的腹部很短。这是一种小型昆虫，身长只有 2.5 ~ 3 毫米，通体黢黑，足是黄褐色的，股节端和胫节端是黑色的。它有四只透明的翅膀，翅膀上有少许的翅脉和翅室。菜粉蝶绒茧蜂是茶足柄瘤蚜茧蜂的远亲，属于种类繁多的小茧蜂科，体形极小，它的幼虫寄生在蝴蝶幼虫、甲虫幼虫、苍蝇以及其他昆虫幼虫体内。

菜粉蝶绒茧蜂会把自己的后代寄生在一些蝴蝶的幼虫体内，如山楂粉蝶、荨麻蛱蝶、小红蛱蝶、优红蛱蝶、舞毒蛾、松毛虫以及模毒蛾等。大多数时候，它们会挑选吃十字花科植物的粉蝶幼虫下手，如大菜粉蝶、小红蛱蝶等的幼虫。

研究菜粉蝶绒茧蜂最简便的方法就是去观察大菜粉蝶的幼虫。

一只雌蜂正在卷心菜叶子上乱跑，从一垄菜畦跳到另一垄，就是为了寻找大菜粉蝶的幼虫。它一旦发现目标，立马就会跳到猎物身上，把粗短的产卵器迅速刺进对方身体里……不一会儿，三十至六十粒卵便产在了幼虫体内。大家别以为雌蜂会在幼虫身上停留好几分钟，它产五十粒卵可花不了多长时间。它的动作异常敏捷，各位必须目不转睛地盯着，方能看清这家伙是如何产卵的。

那菜粉蝶绒茧蜂的卵究竟有多小呢？要知道，一只小小的幼虫的体内可以容纳下五十粒虫卵，有时还会更多。

那它们会在什么样的幼虫身上产卵呢？通常来说，这些猎人只中意刚孵出来的小小的幼虫。对于即将成熟的大幼虫，它们都懒得看一眼。

观察卷心菜地里的菜粉蝶绒茧蜂并不容易，在饲养箱里观察却更容易些。如果有合适的幼虫，雌蜂就会一展身手。

大家可以趁初夏时捉上几十只大菜粉蝶幼虫，虽然那个时候它们数量很少，且比在夏末的时候更难找，但它们也并非是特别罕见的东西，只要努力，最后还是能找到的。捕获后，我们可以让它们待在饲养箱里，喂以卷心菜叶或十字花科的植物。

在这群幼虫中，肯定会有一些已经被寄生了的。因此，我们需要收集好菜粉蝶绒茧蜂的茧，把它们放进杯子或小罐子里，并用纱布把口蒙好。

记住，菜粉蝶绒茧蜂的个头儿非常小，在它们的世界里，人类眼中的一个小孔都算是一扇宽阔的大门。

两三周过后，菜粉蝶绒茧蜂幼虫就会从茧里孵化出来。别忘记投喂食物，否则它们都得饿死。

我们还可以往装有菜粉蝶绒茧蜂的罐子中放入一小块沾了水的糖或一小块用糖浆浸过的棉团。当然，我们也可以在一小块玻璃上涂抹蜂蜜，用水润湿，然后再把它放进罐子。还是那句话，别忘了罐子里住的都是些小不点儿，因此不要给它们放一个"糖湖"，也不要放一块像核桃那么大的棉团，否则它们可能会溺毙在里面。

菜粉蝶绒茧蜂不仅需要食物，还需要水，记得在罐子底部滴上几滴清水。

我们还要确保罐子里一直都有水，蜂蜜、甜棉团、糖块也要保持湿润，防止变干。当然，也不用一天滴几次水，一天一次就足够了，两天一次也行。

和大多数昆虫一样，菜粉蝶绒茧蜂喜欢朝着有光的地方飞行。它们在罐子里就爱向上飞，飞到敞开的罐口。因此，当向它们投喂水和食物时，不要把罐口朝上，要把玻璃罐横过来，底部朝向窗户，罐口朝向室内。这样一来，菜粉蝶绒茧蜂就会聚集在光线较为充足的地方，会朝窗户飞，也就是飞向罐子的底部。

盛夏时节，新出生的大菜粉蝶在菜园里翩翩起舞。当它们要产卵时，我们可以拿走一些放入饲养箱内，等待幼虫孵化。一旦孵化，就把幼虫送进装有菜粉蝶绒茧蜂的罐子里。

千万别眨眼，务必一直用心观察、坚持等待，大家准能欣赏到菜粉蝶绒茧蜂攻击幼虫的过程。

实际上，各位不必花太多时间在罐子里寻找幼虫。雌蜂自己很快就可以注意到猎物，然后逐渐靠拢，直到贴近对方。

看，一只小幼虫刚从卵中孵化出来，它似乎什么都还不知道，之后也不会知道，毕竟，它才出生一两个小时，便招来了敌人……

当菜粉蝶绒茧蜂接近幼虫时，幼虫就猛地抬起躯干，弯起身子，把头扭向一边……这一连串动作跟所有幼虫在受到姬蜂攻击时的反应一样，都是弯起身体，紧接着一个转身，就从嘴里吐出绿色的液体。

幼虫特意把脑袋伸向了菜粉蝶绒茧蜂，试图把液体喷到对方身上。菜粉蝶绒茧蜂向一旁快速躲开，又重新飞向幼虫。如果不小心被幼虫喷中，那它就会因此丧命——这种液体能把猎人的翅膀粘住，可以将身手敏捷的小不点儿变成一团可怜的东西。雌蜂似乎早就知道这种事，巧妙地避开了危险的绿色"唾液"。

雌蜂抓住时机，灵巧地蹦到大菜粉蝶的幼虫身上。这是一个极其危险的时刻，雌蜂就在幼虫的头部和有毒的"唾液"旁边，它把产卵管迅速扎入幼虫体内，然后再往旁边一跳，卵就产好了……

菜粉蝶绒茧蜂能产下数百粒卵，当然不是都产在一只幼虫身上。被寄生的幼虫逐渐长大、蜕皮，其体内的菜粉蝶绒茧蜂幼虫也在一天天长大。在大菜粉蝶的幼虫化蛹之前，小茧蜂的幼虫成熟后自己就能钻出来，而此时大菜粉蝶的幼虫的身体早已被掏空，只能坐以待毙。

秋天，从幼虫体内钻出来的菜粉蝶绒茧蜂幼虫结茧越冬，一直到来年开春才化蛹。在俄罗斯的中纬度地区，有几代大菜粉蝶，就有几代菜粉蝶绒茧蜂，但一般都是两代。可要是在南部，菜粉蝶绒茧蜂则可以繁殖更多代。

通过大菜粉蝶我们还能结识另一种小型姬蜂——金小蜂。这是一种小蜂总科昆虫。就算饲养箱里面有现成的大菜粉蝶虫蛹或幼虫，金小蜂也不会上那儿去。要想找到它们，只有去卷心菜园才行，那里可以找到大菜粉蝶的蛹，而找到了它们，事情就解决了一半。接下来的工作则是仔细观察蛹，试着在它们身上找到金小蜂。

金小蜂的个头儿比菜粉蝶绒茧蜂稍大，体长可达三至四毫米。雄蜂的身体闪烁着绿色的金属光泽，而雌蜂腹部的光泽则是鲜绿色的，足部则呈浅色。

如果各位在大菜粉蝶的蛹上偶遇了一只腹部泛着绿光的小虫，没错，那准是金小蜂，而且还是雌蜂。它既不好动，也不着急飞走。不知是这种小蜂太懒惰，还是过于文静，即便是把大菜粉蝶的蛹拿在手里，这家伙也没有飞走的意思。只要小心地从木栅栏或树干上取下大菜粉蝶的蛹，趴在它身上的金小蜂就可以一起被拿走，但最好先把它从蛹上抖到玻璃杯或罐子里，这样会更稳妥些。

通常会落到蛹上的都是雌金小蜂。如果你们想继续繁殖金小蜂的话，那就找对了。

金小蜂很快就能适应罐子里的生活。当然，要喂给它们食物和水，就像喂养菜粉蝶绒茧蜂一样。

另外，还可以将一些大菜粉蝶的蛹也放进罐子里。这样，金小蜂就会把自己的卵产在蛹里。

金小蜂的幼虫只有在足够温暖的条件下才能发育，一旦温度低于二十摄氏度，发育就会停止。如果在冬季进行观察，则应把罐子放在暖和的地方（温度要保持在二十至二十五摄氏度之间）。

我们可以利用整个冬天的时间来培育金小蜂。为此，我们还要收集到足够多的大菜粉蝶的蛹，并把它们放置在低温环境中。金小蜂会从秋天产下的蛹中孵化而出，然后我们就可以再给它们提供已经提前收集好的大菜粉蝶的蛹。整个冬天都可以这么办。

为什么金小蜂如此胆大，且行动时又如此镇定自若呢？

大家不妨仔细看看这些姬蜂是如何攻击幼虫、蛹以及虫卵的。

一般来说，攻击幼虫的姬蜂总是比攻击蛹的那一类更加敏捷、谨慎。其中的原因也不难猜测，毕竟蛹不会对攻击它的敌人造成任何伤害，虫卵则更不用说。但幼虫呢？它们不仅会百般抗拒，而且还能从嘴里吐出绿色的泡沫作以还击。因此，攻击幼虫的姬蜂既要躲避致命的泡沫，又要跳到扭来扭去的幼虫身上站稳，而且还得产下卵，难度可想而知。

小心和躲闪固然重要，但最关键的还是得具备极高的灵活性和敏捷性，这些都是那些攻击幼虫的姬蜂所必须具有的特质。

还有些姬蜂擅长攻击生活在树木内部深处的甲虫幼虫。它们的雌蜂都长着一根非常长的产卵器，甚至比自己的身体还长得多。不过，产卵器过长会使人们对它们的灵活性产生怀疑：总是拖着一根好似"尾巴"一般的超长产卵器，这种姬蜂怕也灵活不到哪儿去。

事实上，攻击生活在木头里的幼虫的姬蜂要比攻击普通幼虫的迟钝得多，因为它们不需要表现得多么灵活。那些猎物通常都躲在树皮底下，深藏在木头里，而且对姬蜂也构不成威胁。何况，这些小东西原本就没法躲避猎人，所以姬蜂自能泰然应对。所以说，如果要对付这样的猎物，谨慎、敏捷和灵巧就不再是必备的狩猎条件了。

有的姬蜂动作敏捷，有的动作缓慢，有的好动，有的则仿佛睡不醒一般，这些看上去似乎都是些无关紧要的小事。

然而，对昆虫以及其他任何动物习性的研究都需要注意到细节，尤其应该对所谓的"无关小事"展开最为细致的观察。

昆虫的习性正是由这些琐碎的细节拼凑而成的。倘若忽略了这些，那就无法了解任何甲虫、蝴蝶、苍蝇的生活。要知道，菜粉蝶绒茧蜂凭一己之力就消灭了四分之三甚至更多的大菜粉蝶幼虫，另外还有许多蛹也是被金小蜂的幼虫消灭的。可见，这些小姬蜂都属于益虫。

寄生在幼虫、蛹和卵上的小姬蜂种类极多。

天幕毛虫习惯在苹果树的细枝上留下一条条宽宽的卵环，它们也有天敌——黑卵蜂。如果在苹果树开花期间仔细观察卵环，可以发现那时的幼虫早就从卵中溜走了。

这种形状的卵很容易识别，其内部会有小洞，且外壳已被咬穿。但是在这些卵环中却还有一些保存完整的外壳。

这是为什么呢？要么是幼虫死了，所以卵里什么都孵不出来；要么就是卵里面有寄生虫，只是还没钻出来而已。

想要验证相关猜测也不难。先剪下一段带有卵环的树枝，放进罐子里，然后观察它们。为了不浪费时间白等，可以小心剖开几粒外壳尚且完整的卵。如果它们被寄生了，那我们就能看到里面的小幼虫或蛹。一旦发现如此，那就可以开始等待。操作起来也不麻烦，在罐子里放上带有卵环的树枝即可，无须额外的照顾，只要看看天幕毛虫的卵里面是否有小虫孵出即可。

那它们什么时候才能孵化出来呢？想必应该要比天幕毛虫的幼虫本身所需的时间更久。不过别急，天幕毛虫的幼虫还得长大、化蛹、成蝶、产卵，这一切加起来总共需要两个月左右的时间，等到那时，天幕毛虫的蛾子才刚刚开始来到花园里飞舞。

当蛾子飞舞、新卵环出现时，黑卵蜂才会从天幕毛虫的卵中钻出。其中一些可能还要更晚一点儿，直到夏末才会出现。迟归迟，它们肯定是会爬出来的，毕竟天幕毛虫的卵可以在苹果树的枝条上待很长时间。

有些黑卵蜂也会把卵寄生在舞毒蛾的卵中，而平腹小蜂则会经常破坏这些卵。这种小蜂非常漂亮，我们只有借助放大镜才能一窥其惊艳的外表。雄平腹小蜂体长在1.5毫米左右，而雌蜂身长则有2～3毫米。它们长着红紫色的脑袋，表面还泛着绿色的光泽，腹部呈紫色，黄色的胸部也泛着紫色和绿色的光芒。试想，假如把这种小虫子再放大十倍，那它们看上去该是多么美丽动人呀！

《趣味昆虫学》
主要昆虫名称中拉文对照表

章节标题	主要昆虫	拉丁文学名
平凡的瓢虫	瓢虫	Coccinellidae
	蚜虫	Aphidoidea
	七星瓢虫	Coccinella septempunctata
谁在用脚尝东西	黄缘蛱蝶	Nymphalis antiopa
	优红蛱蝶	Vanessa atalanta
	孔雀蛱蝶	Inachis io
	荨麻蛱蝶	Aglais urticae
	闪蛱蝶	Apatura
	线蛱蝶	Limenitidini
	豹蛱蝶	Argynnis
	网蛱蝶	Melitaea diamina
棕黄色的寄生蜂	茶足柄瘤蚜茧蜂	Lysiphlebus testaceipes
	灯蛾	Arctiidae
	草纹枯叶蛾	Euthrix potatoria
	黑带二尾舟蛾	Cerura virula felina
坚果屋	象鼻虫	Curculionidae
虫卵环	天幕毛虫	Malacosoma neustria
越冬的巢	山楂粉蝶	Aporia crataegi
	黄毒蛾	Euproctis chrysorrhoea
	柳毒蛾	Stilpnotia salicis
卷叶象	卷叶象	Attelabidae
	山杨卷叶象	Byctiscus populi
	樱桃虎象甲	Rhyuchites auratus

续表

章节标题	主要昆虫	拉丁文学名
爱吃喜鹊的埋葬虫	埋葬虫	*Nicrophorus*
	长脊黑覆葬甲*	*Nicrophorus concolor*
	黄角尸葬甲	*Necrodes littoralis*
蓑蛾	蓑蛾	*Psychidae*
建筑师沼石蛾	石蛾	*Caddisfly*
	沼石蛾	*Limnophilidae*
受骗的毛毛虫	大菜粉蝶	*Pieris brassicae*
	纹白蝶	*Pieris rapae*
	暗脉粉蝶	*Pieris napi*
蜣螂	蜣螂	*Geotrupidae*
	夜蛾	*Noctuidae*
	天蛾	*Sphingidae*
萤火虫	萤火虫	*Lampyridae*
龙虱与水龟虫	龙虱	*Dytiscidae*
	水龟虫	*Hydrophilidae*
无花果小蜂	榕小蜂	*Blastophaga callida*
金凤蝶的蛹	金凤蝶	*Papilio machaon*
水中火箭	蜓科	*Aeshnidae*
	伟蜓	*Anax*
	伯氏大蜓	*Cordulegaster boltonii*
	伪蜻	*Cordulia aenea*
	春蜓	*Gomphidae*
姬蜂家族	小蜂总科	*Chalcididae*
	绒茧蜂	*Apanteles*
	菜粉蝶绒茧蜂	*Apanteles glomeratus*
	金小蜂	*Pteromalidae*
	黑卵蜂	*Telenomus*
	平腹小蜂	*Anastatus gastropachae*
	舞毒蛾	*Lymantria dispar*